Leandro Bertoldo
Colisões e Deformações

Colisões e Deformações

Leandro Bertoldo

Leandro Bertoldo
Colisões e Deformações

Leandro Bertoldo
Colisões e Deformações

De: _____

Para: _____

_____

_____

Leandro Bertoldo
Colisões e Deformações

Leandro Bertoldo
Colisões e Deformações

Dedico este livro a minha filha,
Beatriz Maciel Bertoldo

Leandro Bertoldo
Colisões e Deformações

Leandro Bertoldo
Colisões e Deformações

"Deus deseja que cada um de Seus filhos tenha inteligência e conhecimento, de maneira que com clareza e poder Sua glória seja revelada em nosso mundo". (Review and Herald, 9 de junho de 1904)

Ellen Gould White
Escritora, conferencista, conselheira,
e educadora norte-americana.
(1827-1915)

Leandro Bertoldo
Colisões e Deformações

Leandro Bertoldo
Colisões e Deformações

Sumário

Dados biográficos
Prefácio

1. Colisões Mecânicas
2. Coeficiente de Restituição
3. Coeficiente e Tempo
4. Coeficiente e Altura (I)
5. Coeficiente e Altura (II)
6. Coeficiente e Energia Potencial
7. Coeficiente e Energia Cinética
8. Coeficiente e Quantidade de Movimento
9. Dissipação e Restituição
10. Perda e Retorno de Altura
11. Energia Perdida e Recuperada
12. Relações
13. Energia Resultante
14. Velocidade Mínima de Salto
15. Frenagem
16. Durante o Impacto

SUCESSÃO
17. Conceito de Altura Consumida
18. Equação da Altura Consumida
19. Energia Potencial Dissipada
20. Equação da Energia Potencial Dissipada
21. Energia Cinética Dissipada
22. Equação da Energia Cinética Dissipada
23. Quantidade de Movimento Dissipado
24. Equação da Quantidade de Movimento Dissipado
25. Equação Geral: Altura
26. Equação Geral: Energia Potencial

27. Equação Geral: Energia Cinética
28. Equação Geral: Quantidade de Movimento
29. Equação Geral: Velocidade
30. Equação Geral: Intervalo de Tempo
31. Equações Derivadas (I)
32. Equações Derivadas (II)
33. Equação Geral: Número de Diâmetros
34. Relações Matemáticas
35. Perda de Altura
36. Equação Geral: Perda de Altura
37. Altura Perdida em Função da Altura Inicial
38. Perda de Energia Potencial
39. Equação Geral: Energia Potencial Perdida
40. Energia Potencial Perdida em Função da Energia Inicial
41. Perda de Energia Cinética
42. Equação Geral: Energia Cinética Dissipada
43. Energia Cinética Dissipada em Função da Energia Inicial
44. Tempo Gasto
45. Equação Geral: Tempo Gasto
46. Tempo Gasto em Função do Tempo Inicial
47. Velocidade Perdida
48. Equação Geral: Velocidade Perdida
49. A Velocidade Perdida em Função da Velocidade Inicial
50. Movimento Dissipado
51. Equação Geral: Movimento Dissipado
52. Movimento Dissipado em Função do Movimento Inicial
53. Soma do Espaço Percorrido
54. Fórmula do Percurso
55. Espaço e Velocidade
56. Soma do Tempo Gasto
57. Fórmula do Tempo Decorrido
58. Tempo Gasto e Velocidade

OSCILAÇÃO
59. Definição de Oscilação

Leandro Bertoldo
Colisões e Deformações

60. Colisões Harmônicas
61. Período na Colisão I
62. Período na Colisão II
63. Amplitude na Colisão
64. Energia do MHS
65. Oscilações Amortecidas

DEFORMAÇÕES
66. Deformações Elásticas
67. Coeficiente de Restauração
68. Coeficiente e Força Elástica
69. Coeficiente e Energia Potencial
70. Dissipação e Restituição
71. Perda e Retorno de Alongamento
72. Desvanecimento e Revigoramento
73. Relações
74. Conceito de Alongamento Perdido
75. Equação do Alongamento Perdido
76. Energia Potencial Dissipada
77. Equação da Energia Consumida
78. Força Elástica Perdida
79. Equação da Força Elástica Perdida
80. Equação Geral: Deformação por Alongamento
81. Equação Geral: Energia Potencial Elástica
82. Equação Geral: Força Elástica
83. Perda de Alongamento
84. Equação Geral: Perda de Alongamento
85. Alongamento Perdido em Função do Alongamento Inicial
86. Perda de Energia Potencial
87. Equação Geral: Energia Potencial Perdida
88. Energia Potencial Perdida em Função da Energia Inicial
89. Perda de Força Elástica
90. Equação Geral: Perda de Força Elástica
91. Alongamento Perdido em Função do Alongamento Inicial

APÊNDICE:
VELOCIDADE DE DOBRA
1. Encolhimento do Espaço
2. Contração do Comprimento
3. Dobra do Espaço
4. Velocidade de Dobra
5. Equação da Velocidade de Dobra
6. Dilatação do Tempo
7. Dobra Temporal
8. Expansão do Universo
9. Energia de Dobra
10. Equívocos de Einstein

Dados biográficos

Meu nome é Leandro Bertoldo. Nasci no bairro do Belenzinho na cidade de São Paulo – SP. Sou o primeiro filho do casal José Bertoldo Sobrinho e Anita Leandro Bezerra. Meu irmão Francisco Leandro Bertoldo exerce a função de Oficial de Justiça.

Fiz as faculdades de Física (1980) e de Direito (2000) na Universidade de Mogi das Cruzes – UMC. Meu interesse sempre crescente pela área de exatas vem desde os meus 17 anos, quando comecei a escrever algumas teses originais sobre temas científicos, os quais dei a conhecer ao meu professor de Física "Benê". Em 1995, publiquei o meu primeiro livro de Física, que foi um grande sucesso entre muitos professores universitários.

Sou casado com Daisy Menezes Bertoldo, funcionária do Tribunal de Justiça do Estado de São Paulo. Minha filha Beatriz Maciel Bertoldo, fruto do meu primeiro casamento com Francineide Maciel, é advogada na Comarca de Mogi das Cruzes. Muitas das minhas distrações e alegrias foram proporcionadas pelos meus maravilhosos cachorros: Fofa, Pitucha, Calma e Mimo.

Até o presente momento publiquei 63 livros, abrangendo pesquisas nas áreas da Física, Matemática, Química, Teologia e Poesia. Sendo 26 em Física; 3 em Matemática; 2 em Química; 6 em Literatura e 26 em Teologia.

Em todos os meus livros de ciências exatas defendo teses originais em Física, Matemática e Química, destacando-se: "Teoria Matemática e Mecânica do Dinamismo" (2002); "Teses da Física Clássica e Moderna" (2003); "Cálculo Seguimental" (2005); "Artigos Matemáticos" (2006) e "Geometria Leandroniana" (2007).

Leandro Bertoldo
Colisões e Deformações

Leandro Bertoldo
Colisões e Deformações

Prefácio

Uma esfera em queda livre, partindo de uma altura (**H**), colide contra um plano horizontal fixo e retorna para o alto numa altura (h_2). Em seguida a esfera entra em queda livre a partir de sua altura (h_2) e quicando contra o mesmo plano horizontal fixo retorna para o alto, alcançando uma nova altura (h_3) e assim sucessivamente até entrar em repouso na sua posição de equilíbrio.

Caso a altura inicial (**H**) de queda livre da esfera seja maior do que a altura (h_2), e esta seja maior do que (h_3), então estamos diante de uma colisão semielástica, a mais comum na natureza, a qual será o objeto principal de estudo nesta obra.

Esse simples fenômeno engloba o estudo das Colisões, o estudo das Sucessões de Colisões e o estudo do Movimento Harmônico Simples Colisivo. Todos os conceitos apresentados nesta obra são criações originais do autor.

Várias ideias inovadoras no estudo das colisões semielásticas foram desenvolvidas e apresentadas nesta obra pelo autor. Porém, o seu grande mérito consistiu no extraordinário lampejo que teve, ao perceber que todos os fenômenos colisivos sucessivos ficam perfeitamente determinados por uma "progressão geométrica", cuja equação fundamental foi por ele aplicada às diversas grandezas relacionadas às colisões. Tal equação permitiu-lhe solucionar elegantemente ampla gama de problemas relacionados às colisões semielásticas, e foi extremamente útil no estudo de todos os Movimentos Harmônicos Amortecidos.

A produção deste livro com as suas descobertas inusitadas durou exatamente 47 dias. Começou a ser escrito a partir de 01 de dezembro de 2014 e foi concluído em 16 de janeiro de 2015. Ele é constituído por noventa e um temas que tratam das "colisões simples", das "sucessões de colisões" e das colisões no "Movimento Harmônico Amortecido".

Para o autor duas são as principais equações desta obra. A primeira é aquela que indica a energia potencial em qualquer sucessão da oscilação, a saber: $w_n = W \cdot e^{2(n-1)}$. A segunda é a equação que reflete a energia potencial dissipada em qualquer sucessão da oscilação, a saber: $r_n = W \cdot (1 - e^{2(n-1)})$.

É digno de nota atentar para o fato de que o autor aplica as suas técnicas ao Movimento Harmônico Amortecido de uma mola oscilando em torno de sua posição de equilíbrio. Ele calcula as dissipações energéticas e as perdas dinâmicas em qualquer ponto da oscilação.

A obra termina com a apresentação de um apêndice, onde são desenvolvidos vários conceitos matemáticos relativísticos para explicar a "velocidade de dobra" de futuras naves espaciais. A equação que permite o cálculo da velocidade de dobra apresenta a seguinte forma: $v^2 = c^2 [1 - (1/2^{2n})]$.

O autor espera que esta inovadora obra possa realmente revolucionar todos os conceitos sobre Colisões Mecânicas e Movimentos Harmônicos Amortecidos, bem como o conceito de Velocidade de Dobra, tornando sua compreensão mais simples e clara.

leandrobertoldo@ig.com.br

1. Colisões Mecânicas

Considere uma esfera em queda livre partindo de uma determinada altura (**H**). Também considere que essa esfera colide contra o piso em repouso. Dependendo da natureza da esfera e do piso podem ocorrer diversos fenômenos.

1º. A esfera quica contra o piso e retoma a sua altura inicial ($H_1 = h_2$).

2º. A esfera quica contra o piso e retorna a uma altura inferior à altura inicial de queda ($H_1 > h_2$).

3º. A esfera quica contra o piso e não retoma qualquer altura ($h_2 = 0$).

Neste trabalho serão analisadas somente as colisões gravitacionais de uma esfera em queda livre, as quais ocorrem numa única direção. Elas são chamadas por unidirecionais frontais, porque considera a colisão central e frontal vertical da esfera contra uma superfície plana e horizontal.

Durante a colisão de uma esfera contra uma superfície, as forças externas podem ser desprezadas quando comparadas às internas. Portanto, o sistema pode ser considerado mecanicamente isolado.

Com vista à simplificação, no presente trabalho será desprezada a orientação da trajetória.

Antes da colisão a esfera se aproxima da superfície com uma "velocidade de queda livre" (**V**). Após o impacto contra a referida superfície, a esfera é refletida e afasta-se com uma "velocidade de afastamento" (**v**).

Na colisão de uma esfera contra uma superfície ocorrem perdas de energia em razão do aquecimento, da deformação e do som provocado pelo impacto. Nesse sistema isolado, jamais ocorrerá, de forma natural, um ganho de energia que possa elevar a esfera a uma altura superior à altura inicial de queda.

2. Coeficiente de Restituição

Isaac Newton (1642-1727) descobriu que o coeficiente de restituição (**e**) de um impacto mecânico é determinado pela razão entre a velocidade de afastamento (**v**) da esfera após o choque e a velocidade de queda livre (**V**) antes do choque.
O referido enunciado é expresso do seguinte modo:
$$e = v/V$$
Como na colisão não existe ganho de energia, o módulo da velocidade de afastamento será sempre menor ou no máximo, igual ao módulo da velocidade de aproximação.

Portanto, considerando que a velocidade de afastamento apresente módulo menor ou igual ao módulo da velocidade de queda livre, a razão matemática entre elas determina o coeficiente de restituição que está compreendido entre zero e um.

Colisão elástica (e = 1). Ocorre quando, após a colisão contra a superfície, a esfera é restituída à sua altura que inicial de queda livre. O sistema não perde sua energia cinética. A velocidade depois do impacto é igual àquela antes do impacto, já que se trata de uma colisão perfeitamente elástica.

Colisão semielástica (e > 0 < 1). Ocorre quando, após a colisão contra a superfície, a esfera é restituída a uma altura menor do que a altura inicial de queda livre. O sistema perde parte de sua energia cinética. A velocidade depois do impacto é menor do que aquela antes do impacto, já que se trata de uma colisão parcialmente elástica.

Colisão inelástica (e = 0). Ocorre quando, após a colisão contra a superfície, a esfera não é restituída a nenhuma altura. O sistema perde totalmente sua energia cinética. A velocidade depois do impacto é nula, já que se trata de uma colisão inelástica.

3. Coeficiente e Tempo

Como foi dito, o coeficiente de restituição (**e**) numa colisão é determinado pelo quociente da velocidade de afastamento (**v**) da esfera após o choque, inversa pela velocidade da esfera em queda livre (**V**) antes do choque.

O referido enunciado é expresso simbolicamente do seguindo modo:

e = v/V

Porém, sabe-se que a velocidade de queda livre é igual ao produto entre a aceleração gravitacional pelo tempo de queda livre.

Simbolicamente, o referido enunciado pode ser expresso pela seguinte equação:

v = g . t

Substituindo convenientemente as duas últimas expressões resulta na seguinte demonstração:

e = g . t'/g . t

Eliminando os termos em evidência, resulta na seguinte realidade:

e = t'/t

Portanto, conclui-se que o coeficiente de restituição é igual à relação matemática entre o tempo de afastamento da esfera após o choque, pelo tempo decorrido em queda livre antes do choque.

4. Coeficiente e Altura (I)

Considere uma esfera em queda livre de uma altura (**H**). Ao colidir contra um plano horizontal fixo, retorna para o alto alcançando uma nova altura (**h**).

A altura de queda da esfera até chocar-se contra a superfície é expressa pela seguinte equação de Galileu Galilei:

H = g . t^2/2

Após a colisão a esfera retorna a uma nova altura, expressa pela seguinte equação:

h = g . t'^2/2

O coeficiente de restituição é definido pela seguinte expressão:

e = t'/t, ou seja: **e^2 = t'^2/t^2**

Substituindo convenientemente as três últimas expressões, vem que:

e^2 = 2h/g / 2H/g

Eliminando os termos em evidência, resulta que:

$$e^2 = h/H$$

Logo, conclui-se que o quadrado do coeficiente de restituição é igual ao quociente da altura alcançada pela esfera após o choque, inversa pela altura de queda livre antes do choque.

5. Coeficiente e Altura (II)

Considere uma esfera em queda livre de uma altura (**H**). Ao colidir contra um plano horizontal fixo, retorna para o alto alcançando uma nova altura (**h**). Caso a colisão fosse perfeitamente elástica, a esfera retornaria à mesma altura de que foi solta.

A velocidade da esfera ao atingir a superfície é expressa pela equação de Torricelli:

$$V = \sqrt{2g \cdot H}$$

Imediatamente após a colisão a velocidade da esfera é expressa pela seguinte equação:

$$v = \sqrt{2g \cdot h}$$

A definição do coeficiente de restituição permite escrever que:

$$e = v/V$$

Substituindo convenientemente as três últimas expressões, obtém-se que:

$$e = v/V = \sqrt{2g \cdot h}/\sqrt{2g \cdot H}$$

$$e = \sqrt{h/H}$$

Ou seja:

$$e^2 = h/H$$

6. Coeficiente e Energia Potencial

Considere uma esfera de peso (**p**), solta com uma energia potencial (**W**). Ao colidir contra um plano horizontal fixo, retorna para o alto alcançando uma nova energia potencial (**w**). Caso a colisão fosse perfeitamente elástica, a esfera apresentaria a mesma energia potencial inicial.

A energia potencial da esfera ao ser solta em queda livre é expressa pela seguinte equação:

$$W = p \cdot H$$

Após a colisão a esfera retornar para o alto, alcançando uma energia potencial expressa pela seguinte equação:

$$w = p \cdot h$$

A definição do coeficiente de restituição permite escrever que:

$$e^2 = h/H$$

Substituindo convenientemente as três últimas expressões, obtém-se que:

$$e^2 = h/H = w/p \,/\, W/p$$

Eliminando os termos em evidência resulta que:

$$e^2 = w/W$$

7. Coeficiente e Energia Cinética

Considere uma esfera, solta em queda livre, que colide contra um plano horizontal fixo com energia cinética (**E**). Imediatamente após a colisão a energia cinética da esfera é (**E'**). Caso a colisão fosse perfeitamente elástica, a esfera retomaria a mesma energia cinética de colisão contra o anteparo.

A energia cinética da esfera ao atingir a superfície é expressa pela seguinte equação:

$$E = m \cdot V^2/2$$

Imediatamente após a colisão a energia cinética da esfera é expressa pela seguinte equação:

$$E' = m \cdot v^2/2$$

A definição do coeficiente de restituição permite escrever que:

$$e^2 = v^2/V^2$$

Substituindo convenientemente as três últimas expressões, obtém-se que:

$$e^2 = v^2/V^2 = 2E'/m \,/\, 2E/m$$

Eliminando os termos em evidência, resulta que:

$$e^2 = E'/E$$

8. Coeficiente e Quantidade de Movimento

Considere uma esfera, solta em queda livre, que colide contra um plano horizontal fixo com uma quantidade de movimento (**Q**). Imediatamente após a colisão a quantidade de movimento da esfera é (**q**). Caso a colisão fosse perfeitamente elástica, a esfera retomaria a mesma quantidade de movimento de colisão.

A quantidade de movimento da esfera ao atingir a superfície é expressa pela seguinte equação:

$$Q = m \cdot V$$

Imediatamente após a colisão a quantidade de movimento da esfera é expressa pela seguinte equação:

$$q = m \cdot v$$

A definição do coeficiente de restituição permite escrever que:

$$e = v/V$$

Substituindo convenientemente as três últimas expressões, obtém-se que:

$$e = v/V = q/m \,/\, Q/m$$

Eliminando os termos em evidência, resulta que:

$$e = q/Q$$

9. Dissipação e Restituição

Quando uma esfera sofre uma colisão contra uma superfície horizontal fixa, sua energia antes do impacto é parcialmente dissipada e parcialmente restituída.

A energia é dissipada em razão do aquecimento, da deformação e do som provocado na colisão.

Sendo **E** a energia cinética de impacto, E_A a parcela dissipada e **E'** a parcela restituída, de forma que:

$$E = E_A + E'$$

Para avaliar que proporção de energia sofre os fenômenos de dissipação e restituição na colisão, definem-se as seguintes grandezas adimensionais:

Dissipação: $d = E_A/E$
Restituição: $r = E'/E$

Somando as duas grandezas, obtém-se que:

$$d + r = (E_A/E) + (E'/E) = (E_A + E')/E = E/E = 1$$

Portanto: $d + r = 1$

Quando não ocorre dissipação (d = 0) a colisão é denominada elástica. Nesse caso tem-se que (r = 1). O coeficiente de restituição é o seguinte: e = 1

Quando não ocorre restituição (r = 0) a colisão é denominada inelástica. Nesse caso tem-se que (d = 1).

O coeficiente de restituição é o seguinte: e = 0

Na colisão semielástica (d) e (r) sofrem variações equilibradas.

10. Perda e Retorno de Altura

Considere uma esfera em queda livre de uma altura (**H**). Ao colidir contra um plano horizontal fixo, retorna para o alto alcançando uma nova altura (**h**), porém inferior à altura original.

Essa perda de altura é devido à dissipação interna da energia mecânica.

Sendo **H** a altura original de queda livre, **h** a altura de retorno e **a** a altura perdida, de modo que:

$H = h + a$

Para avaliar que proporção de altura sofre os fenômenos de perda de altura e retorno de altura, definem-se as seguintes grandezas adimensionais:

Perda: $Z = a/H$
Retorno: $R = h/H$

Somando as duas grandezas, obtém-se que:

$Z + R = (a/H) + (h/H) = (a + h)/H = H/H = 1$

Portanto: $Z + R = 1$

Quando não ocorre perda de altura ($Z = 0$) a colisão é denominada elástica. Nesse caso tem-se que ($R = 1$).

Quando não ocorre o retorno de altura ($R = 0$) a colisão é denominada inelástica. Nesse caso tem-se que ($Z = 1$).

11. Energia Perdida e Recuperada

Considere uma esfera em queda livre com uma energia potencial (**W**). Ao colidir contra um plano horizontal fixo, retorna para o alto alcançando uma nova energia potencial (**w**), porém inferior à energia potencial original. Essa perda de energia potencial ocorre devido à dissipação energética interna.

Sendo **W** a energia potencial original, **w** a energia potencial recuperada e **r** a energia perdida, de modo que:

W = w + r

Para avaliar que proporção de energia potencial sofre os fenômenos de perdida e recuperada, definem-se as seguintes grandezas:

Perdida: **S = r/W**
Recuperada: **D = w/W**

Somando as duas grandezas, obtém-se que:

S + D = (r/W) + (w/W) = (r + w)/W = W/W = 1

Portanto: **S + D = 1**

Quando não ocorre perda de energia potencial (S = 0) a colisão é denominada elástica. Nesse caso tem-se que (D = 1).

Quando não ocorre a restauração de energia potencial (D = 0) a colisão é denominada inelástica. Nesse caso tem-se que (S = 1).

12. Relações

Quando uma esfera sofre uma colisão contra uma superfície horizontal fixa, sua energia cinética após o impacto é apenas parcialmente restituída.

A grandeza adimensional chamada por restituição (**r**) é expressa pela seguinte relação: $r = E'/E$. O coeficiente de restituição (**e**) é expresso pela seguinte relação: $e^2 = E'/E$.

Igualando convenientemente as duas últimas expressões, resulta que:

$$r = e^2$$

2. Quando uma esfera sofre uma colisão contra uma superfície horizontal fixa, a altura alcançada após o impacto retorna apenas parcialmente.

A grandeza adimensional chamada por retorno (**R**) é expressa pela seguinte relação: $R = h/H$. O coeficiente de restituição (**e**) é expresso pela seguinte relação: $e^2 = h/H$

Igualando convenientemente as duas últimas expressões, resulta que:

$$R = e^2$$

3. Quando uma esfera sofre uma colisão contra uma superfície horizontal fixa, a energia potencial alcançada após o impacto é apenas parcialmente recuperada.

A grandeza adimensional chamada por recuperada (**D**) é expressa pela seguinte relação: $D = w/W$. O coeficiente de restituição (**e**) é expresso pela seguinte relação: $e^2 = w/W$

Igualando convenientemente as duas últimas expressões, resulta que:

$$D = e^2$$

Igualando convenientemente as três expressões, resulta:

$$e^2 = r = R = D$$

13. Energia Resultante

Quando uma esfera de peso (**p**) com uma energia potencial (**W**) entra em queda livre as partir do repouso e de uma altura (**H**), ela incide sobre uma superfície horizontal fixa. Ao quicar sobre a referida superfície, ela retorna imediatamente com uma energia cinética (**E'**).

A energia cinética (**E'**) que resulta após o quicar da esfera é menor do que a energia potencial (**W**) que a esfera possuía antes de colidir contra a superfície fixa. Isso ocorre porque no momento do impacto ocorre uma interação entre a esfera e a superfície. Assim, parte da energia é dissipada (**R**) em razão do aquecimento, da deformação e do som provocado pela colisão.

Portanto, pode-se escrever que:

E' = W − R

Como a energia cinética é expressa por:

E' = ½ . m . v²

Então, pode-se escrever que:

½ . m . v² = W$_{MAX}$ − R

Como a energia potencial máxima é expressa por:

W$_{MAX}$ = p . H

Essa energia potencial é chamada de máxima (**W$_{MAX}$**) porque no primeiro momento em que a esfera entra em queda livre sua enérgica potencial é máxima. Depois de quicar numa colisão semielástica contra a superfície horizontal fixa, ela emerge com uma energia cinética, porém não adquire a mesma energia potencial original, haja vista que na colisão parte de sua energia foi dissipada.

Então, pode-se escrever que:

$$½ . m . v² = p . H_{MAX} − R$$

14. Velocidade Mínima de Salto

Uma esfera ao entrar em queda livre, com uma altura inicial (**H**), colide contra um anteparo horizontal fixo com uma velocidade (**V**), para em seguida retornar ao alto com uma velocidade (v_2) para adquirir uma nova altura (h_2). Assim, em sucessivas colisões da esfera contra um anteparo horizontal, a cada quicar, alcançará uma altura inferior à anterior até entrar em repouso.

Quando a esfera entra em queda livre ela apresenta uma energia potencial **W = p . H**. Ao colidir contra ao anteparo, naquele ponto a sua energia potencial convertida em energia cinética é expressa por $E = m . V^2/2$.

A altura em que a esfera encontra-se é definida como sendo igual à soma entre o diâmetro (**D**) da esfera com a distância (**d**) do ponto mais alto alcançado pela esfera.

H = D + d

Para calcular a velocidade mínima de lançamento da esfera para o alto procede-se do seguinte modo:

$p . H = m . V^2/2$
$p . (D + d) = m . V^2/2$

Como **p = m . g**, então se pode escrever:

$m . g . (D + d) = m . V^2/2$

Eliminando os termos em evidência, resulta:

$g . (D + d) = V^2/2$

Após sucessivos quicar a esfera entra em repouso **d = 0**. Portanto, vem que:

$g . D = V^2/2$
$V^2 = 2g . D$

$$V = \sqrt{2g . D}$$

Essa é a velocidade mínima que a esfera precisa ultrapassar para ser impulsionada para o alto. Ela precisa avançar além do seu diâmetro.

15. Frenagem

Uma esfera ao entrar em queda livre a partir de uma altura inicial (**H**) vem a colidir contra um anteparo horizontal fixo com uma velocidade (**V**), para em seguida retornar ao alto com uma velocidade (v_2), passando a adquirir uma nova altura (h_2).

Durante o processo de colisão a esfera sofre uma frenagem. Ou seja, a esfera sofre uma perda de velocidade, haja vista que atinge o anteparo horizontal fixo com uma velocidade (**V**) e emerge com uma velocidade menor (v_2).

$v_2 < V$

Desse modo, em sucessivas colisões da esfera contra um anteparo horizontal, a cada quicar sofrerá uma frenagem até entrar em repouso.

Sabe-se que:
$v_2^2 = e^2 \cdot V^2$
$h_2^2 = e^2 \cdot H^2$
$a = H - h_2$

A equação de Torricelli permite escrever que:
$v_2^2 = V^2 - 2\alpha \cdot a$

Substituindo convenientemente as referidas expressões, obtém-se que:
$v_2^2 = V^2 - 2\alpha (H - h_2)$
$v_2^2 - V^2 = -2\alpha (H - h_2)$
$e^2 \cdot V^2 - V^2 = -2\alpha (H - e^2 \cdot H^2)$
$V^2 (e^2 - 1) = -2\alpha H (1 - e^2)$

$-\alpha = V^2 (e^2 - 1) / 2H (1 - e^2)$

Essa expressão representa a aceleração de frenagem em cada quicar da esfera contra o plano horizontal fixo.

16. Durante o Impacto

Quando uma esfera em queda livre incide com uma energia cinética (**E**) contra um anteparo horizontal fixo, naquela instante a sua energia cinética diminui até zero. Quando esse fenômeno ocorre o trabalho da resultante é resistente. Ou seja, a força resultante é oposta ao deslocamento, diminuindo e zerando a velocidade.

Após a energia cinética (**E**) da esfera decair até zero, essa enérgica sofre um processo de reflexão, sendo restituída à esfera, cujo movimento também muda de direção. Nessas condições o trabalho resultante é motor. A força resultante é favorável ao deslocamento, aumentando a velocidade.

Nessas condições, a esfera emerge da colisão que sofreu com uma enérgica cinética (**E**). Nessas condições, a colisão é elástica. Caso retorne com uma energia cinética (E_2), a colisão será semielástica. Também pode ocorre de não retornar, quando então sua energia cinética será nula, ocorrendo uma colisão inelástica.

A experiência tem demonstrado que o coeficiente de restituição depende textura e da densidade da esfera, bem como da superfície contra a qual a esfera colide. Dependendo da natureza da superfície de colisão, a mesma esfera pode apresentar uma colisão elástica, semielástica ou inelástica.

O coeficiente de restituição não tem nada a ver com deformações elásticas. No momento da colisão a energia cinética é transferida para o anteparo horizontal, que por ser fixo, devolve à esfera a mesma energia cinética com que foi atingido. Caso tenha havido dissipação de energia no processo de colisão, então devolverá apenas a parte não dissipada. Portanto, trata-se apenas da energia refletida de volta para a esfera após a colisão.

Leandro Bertoldo
Colisões e Deformações

SUCESSÃO

17. Conceito de Altura Consumida

Uma esfera encontra-se em queda livre a partir de uma altura inicial (H). Ao colidir contra um plano horizontal fixo, ela retorna para o alto alcançando uma nova altura (h_2), porém, inferior à altura inicial (H).

Imediatamente a esfera volta e entrar em queda livre a partir da altura (h_2). Ao quicar contra o plano horizontal fixo, ela retorna ao alto, alcançando uma nova altura (h_3), porém, inferior à altura (h_2).

Em seguida a esfera volta a entrar em queda livre a partir da altura (h_3). Ao quicar contra o plano horizontal fixo, ela retorna ganhando uma nova altura (h_4), porém, inferior à altura (h_3). Esse fenômeno repete-se sucessivamente até a esfera repousar.

Nessa sucessão, a diferença entre a altura antecessora (H) pela altura sucessora (h_2) representa a altura consumida ou perdida (a_1) após a colisão.

$$a_1 = H - h_2$$
$$a_2 = h_2 - h_3$$
$$a_3 = h_3 - h_4$$

A soma de cada uma das alturas perdidas em cada quicar até o repouso da esfera caracteriza a altura inicial (H).

$$H = a_1 + a_2 + a_3 + \ldots + a_n$$

Caso a esfera não tenha entrado em repouso, então a altura inicial (H) será caracterizada pelas somas das alturas perdidas em cada quicar com a adição da altura máxima alcançada pela esfera após o seu último quicar.

$$H = a_1 + a_2 + a_3 + \ldots + a_n + h_n$$

18. Equação da Altura Consumida

Foi apresentado que a soma de cada uma das alturas perdidas em cada quicar até o momento do repouso da esfera é caracteriza por:

$$a_1 + a_2 + a_3 + ... + a_n$$

Nessa sucessão, a diferença entre a altura antecessora (**H**) pela altura sucessora (**h_2**) representa a altura consumida ou perdida (**a_1**) após a colisão.

$a_1 = H - h_2$
$a_2 = h_2 - h_3$
$a_3 = h_3 - h_4$

Como: $e^2 = h/H$

Então, substituindo as expressões pode-se escrever que:

$a_1 = H - h_2 = H - e^2 \cdot H = H \cdot (1 - e^2)$
$a_2 = h_2 - h_3 = h_2 - e^2 \cdot h_2 = h_2 \cdot (1 - e^2)$
$a_3 = h_3 - h_4 = h_3 - e^2 \cdot h_3 = h_3 \cdot (1 - e^2)$

Portanto, pode-se escrever que:

$a_1 + a_2 + a_3 + ... + a_n = H \cdot (1 - e^2) + h_2 \cdot (1 - e^2) + h_3 \cdot (1 - e^2) + h_n \cdot (1 - e^2)$

Portanto, resulta que:

$$a_1 + a_2 + a_3 + ... + a_n = (1 - e^2) \cdot (H + h_2 + h_3 + h_n)$$

19. Energia Potencial Dissipada

Uma esfera encontra-se em queda livre com uma energia potencial (W). Ao colidir contra um plano horizontal fixo, ela retorna para o alto adquirindo uma nova energia potencial (w_2), porém, inferior à energia potencial original (W).

Em seguida a esfera entra em queda livre, partindo com a energia potencial (w_2). Ao quicar contra o plano horizontal fixo, ela retorna ao alto e adquire uma nova energia potencial (w_3), porém, inferior à energia potencial (w_2).

Pela terceira vez a esfera entra em queda livre com a energia potencial (w_3). Ao quicar contra o plano horizontal fixo, ela retorna e adquire uma nova energia potencial (w_4), porém, inferior à energia potencial anterior (w_3). Esse fenômeno repete-se sucessivamente até a esfera entrar em repouso.

Nessa sucessão, a diferença entre a energia potencial anterior (W) pela energia potencial posterior (w_2) representa a energia dissipada na colisão (r_1).

$r_1 = W - w_2$
$r_2 = w_2 - w_3$
$r_3 = w_3 - w_4$

A soma de cada uma das parcelas de energia potencial dissipada em cada quicar até o momento do repouso da esfera caracteriza a energia potencial inicial (W).

$$W = r_1 + r_2 + r_3 + \ldots + r_n$$

Caso a esfera ainda não tenha entrado em repouso, então a energia potencial inicial (W) será caracterizada pelas somas das energias dissipadas em cada quicar, com a adição da energia potencial adquirida pela esfera após o seu último quicar.

$$W = r_1 + r_2 + r_3 + \ldots + r_n + w_n$$

20. Equação da Energia Potencial Dissipada

Foi apresentado que a soma de cada uma das parcelas da energia potencial dissipada em cada quicar até o momento do repouso da esfera é caracteriza por:

$$r_1 + r_2 + r_3 + ... + r_n$$

Nessa sucessão, a diferença entre a energia potencial antecessora (W) pela energia potencial sucessora (w_2) representa a energia potencial dissipada (r_1) após a colisão.

$r_1 = W - w_2$
$r_2 = w_2 - w_3$
$r_3 = w_3 - w_4$

Como: $e^2 = w/W$
Então, substituindo as expressões pode-se escrever que:

$r_1 = W - w_2 = W - e^2 \cdot W = W \cdot (1 - e^2)$
$r_2 = w_2 - w_3 = w_2 - e^2 \cdot w_2 = w_2 \cdot (1 - e^2)$
$r_3 = w_3 - w_4 = w_3 - e^2 \cdot w_3 = w_3 \cdot (1 - e^2)$

Portanto, pode-se escrever que:

$r_1 + r_2 + r_3 + ... + r_n = W \cdot (1 - e^2) + w_2 \cdot (1 - e^2) + w_3 \cdot (1 - e^2) + w_n \cdot (1 - e^2)$

Portanto, resulta que:

$$r_1 + r_2 + r_3 + ... + r_n = (1 - e^2) \cdot (W + w_2 + w_3 + w_n)$$

21. Energia Cinética Dissipada

Uma esfera em queda livre colide contra um plano horizontal fixo com uma energia cinética máxima (E). Porém, após a colisão ela emerge para o alto com uma nova energia cinética (E_2), inferior à energia cinética original (E).

Quando alcança uma altura, a esfera entra em queda livre pela segunda vez, quicando contra o plano horizontal fixo com uma energia cinética (E_2). Todavia, após a colisão ela emerge e retorna ao alto com uma nova energia cinética (E_3), inferior à energia cinética (E_2).

Pela terceira vez a esfera entra em queda livre quicando contra o anteparo horizontal fixo portando uma energia cinética (E_3). Contudo, após a colisão ela emerge com uma nova energia cinética (E_4), inferior à energia cinética anterior (E_3). Esse fenômeno repete-se sucessivamente até a esfera entrar em repouso.

Nessa sucessão, a diferença entre a energia cinética anterior (E) pela energia cinética posterior (E_2) representa a energia dissipada na colisão (c_1).

$c_1 = E - E_2$
$c_2 = E_2 - E_3$
$c_3 = E_3 - E_4$

A soma de cada uma das parcelas de energia cinética dissipada em cada quicar até o momento do repouso da esfera caracteriza a energia cinética inicial (E).

$$E = c_1 + c_2 + c_3 + ... + c_n$$

Caso a esfera ainda não tenha entrado em repouso, então a energia cinética inicial (E) será caracterizada pelas somas das energias dissipadas em cada quicar, com a adição da energia cinética adquirida pela esfera após o seu último quicar.

$$E = c_1 + c_2 + c_3 + ... + c_n + E_n$$

22. Equação da Energia Cinética Dissipada

Foi apresentado que a soma de cada uma das parcelas da energia cinética dissipada em cada quicar até o momento do repouso da esfera é caracteriza por:

$$c_1 + c_2 + c_3 + ... + c_n$$

Nessa sucessão, a diferença entre a energia cinética antecessora (E) pela energia cinética sucessora (E_2) representa a energia cinética dissipada (c_1) após a colisão.

$$c_1 = E - E_2$$
$$c_2 = E_2 - E_3$$
$$c_3 = E_3 - E_4$$

Como: $e^2 = E_2/E$
Então, substituindo as expressões pode-se escrever que:

$$c_1 = E - E_2 = E - e^2 . E = E . (1 - e^2)$$
$$c_2 = E_2 - E_3 = E_2 - e^2 . E_2 = E_2 . (1 - e^2)$$
$$c_3 = E_3 - E_4 = E_3 - e^2 . E_3 = E_3 . (1 - e^2)$$

Portanto, pode-se escrever que:

$$c_1 + c_2 + c_3 + ... + c_n = E . (1 - e^2) + E_2 . (1 - e^2) + E_3 . (1 - e^2) + E_n . (1 - e^2)$$

Portanto, resulta que:

$$c_1 + c_2 + c_3 + ... + c_n = (1 - e^2) . (E + E_2 + E_3 + E_n)$$

23. Quantidade de Movimento Dissipado

Uma esfera colide contra um plano horizontal fixo com uma quantidade de movimento (**Q**). Após a colisão ela emerge para o alto com uma nova quantidade de movimento (**q_2**), inferior à quantidade de movimento inicial (**Q**).

Em seguida a esfera entra em queda livre pela segunda vez, quicando contra o plano horizontal fixo com uma quantidade de movimento (**q_2**). Após a colisão, ela emerge com uma nova quantidade de movimento (**q_3**), inferior à quantidade de movimento (**q_2**).

Pela terceira vez a esfera entra em queda livre quicando contra o anteparo horizontal fixo com uma quantidade de movimento (**q_3**). Após a colisão ela emerge com uma nova quantidade de movimento (**q_4**), inferior à quantidade de movimento anterior (**q_3**). Esse fenômeno repete-se sucessivamente até a esfera entrar em repouso.

A diferença entre a quantidade de movimento anterior (**Q**) pela quantidade de movimento posterior (**q_2**) representa a quantidade de movimento dissipado na colisão (**s_1**).

$$s_1 = Q - q_2; \quad s_2 = q_2 - q_3; \quad s_3 = q_3 - q_4$$

A soma de cada uma das parcelas da quantidade de movimento dissipado em cada quicar até o momento do repouso da esfera caracteriza a quantidade de movimento (**Q**).

$$Q = s_1 + s_2 + s_3 + \dots + s_n$$

Caso a esfera não tenha entrado em repouso, então a quantidade de movimento inicial (**Q**) será caracterizada pelas somas das quantidades de movimentos dissipados em cada quicar, com a adição da quantidade de movimento adquirido pela esfera após o seu último quicar.

$$Q = s_1 + s_2 + s_3 + \dots + s_n + q_n$$

24. Equação da Quantidade de Movimento Dissipado

Foi apresentado que a soma de cada uma das parcelas da quantidade de movimento dissipado em cada quicar até o momento do repouso da esfera é caracteriza por:

$$s_1 + s_2 + s_3 + \ldots + s_n$$

Nessa sucessão, a diferença entre a quantidade de movimento anterior (**Q**) pela quantidade de movimento posterior (**q₂**) representa a quantidade de movimento dissipado (**s₁**) após a colisão.

$s_1 = Q - q_2$
$s_2 = q_2 - q_3$
$s_3 = q_3 - q_4$

Como: $e = q_2/Q$
Então, substituindo as expressões pode-se escrever que:
$s_1 = Q - q_2 = Q - e \cdot Q = Q \cdot (1 - e)$
$s_2 = q_2 - q_3 = q_2 - e \cdot q_2 = q_2 \cdot (1 - e)$
$s_3 = q_3 - q_4 = q_3 - e \cdot q_3 = q_3 \cdot (1 - e)$

Portanto, pode-se escrever que:

$s_1 + s_2 + s_3 + \ldots + s_n = Q \cdot (1-e) + q_2 \cdot (1-e) + q_3 \cdot (1-e) + q_n \cdot (1-e)$

Portanto, resulta que:

$$s_1 + s_2 + s_3 + \ldots + s_n = (1-e) \cdot (Q + q_2 + q_3 + q_n)$$

25. Equação Geral: Altura

Chama-se progressão geométrica uma sucessão de números, cujo quociente entre cada um deles, a partir do segundo pelo seu antecessor é sempre o mesmo. Essa relação constante é designada por razão de progressão geométrica.

De acordo com essa definição, as sucessivas colisões de uma esfera contra um anteparo horizontal fixo alcança a cada quicar, uma altura inferior à anterior é uma progressão geométrica (H, h_2, h_3, h_4, h_5,..., h_n). Partindo da definição de que $e^2 = h/H$, tem-se em sucessivos quicar que:

$$h_2/H = h_3/h_2 = h_4/h_3 = h_5/h_4 = ... = h_n/h_{n-1} = e^2$$

Como a sequencia (H, h_2, h_3, h_4, h_5,..., h_n) é uma progressão geométrica de razão (e^2), então, pode-se escrever que:

$$\begin{aligned} & & h_2 &= H \cdot e^2 \\ h_3 &= h_2 \cdot e^2 & \rightarrow \quad h_3 &= H \cdot (e^2)^2 \\ h_4 &= h_3 \cdot e^2 & \rightarrow \quad h_4 &= H \cdot (e^2)^3 \\ h_5 &= h_4 \cdot e^2 & \rightarrow \quad h_5 &= H \cdot (e^2)^4 \end{aligned}$$

Generalizando a qualquer altura alcançada pela esfera, tem-se que:

$$h_n = H \cdot (e^2)^{(n-1)}$$

$$h_n = H \cdot e^{2(n-1)}$$

Tal expressão é a equação geral para o cálculo de qualquer altura alcançada pela esfera em sucessivos quicar.

26. Equação Geral: Energia Potencial

Uma esfera ao ser solta em queda livre, com uma energia potencial (**W**), colide contra um anteparo fixo, para em seguida retornar para o alto adquirindo uma nova energia potencial (w_2). Assim, em sucessivas colisões da esfera contra um anteparo horizontal, a cada quicar, alcançará uma energia potencial inferior à anterior numa progressão geométrica (W, w_2, w_3, w_4, w_5,..., w_n). Partindo da definição de que $e^2 = w/W$, tem-se em sucessivos quicar que:

$$w_2/W = w_3/w_2 = w_4/w_3 = w_5/w_4 = \ldots = w_n/w_{n-1} = e^2$$

Como a sequência (W, w_2, w_3, w_4, w_5,..., w_n) é uma progressão geométrica de razão (e^2), então, pode-se escrever que:

$$w_2 = W \cdot e^2$$
$$w_3 = w_2 \cdot e^2 \quad \rightarrow \quad w_3 = W \cdot (e^2)^2$$
$$w_4 = w_3 \cdot e^2 \quad \rightarrow \quad w_4 = W \cdot (e^2)^3$$
$$w_5 = w_4 \cdot e^2 \quad \rightarrow \quad w_5 = W \cdot (e^2)^4$$

Generalizando a qualquer energia potencial adquirida pela esfera, tem-se que:

$$w_n = W \cdot (e^2)^{(n-1)}$$

$$w_n = W \cdot e^{2(n-1)}$$

Tal expressão é a equação geral para o cálculo de qualquer energia potencial adquirida pela esfera em sucessivos quicar.

27. Equação Geral: Energia Cinética

Uma esfera ao ser solta em queda livre colide contra um plano horizontal fixo com energia cinética (**E**). Imediatamente após a colisão a energia cinética da esfera passa para (E_2). Assim, em sucessivas colisões da esfera, a cada quicar, adquirirá uma energia cinética inferior à anterior numa progressão geométrica (E, E_2, E_3, E_4, E_5,..., E_n). Partindo da definição de que $e^2 = E'/E$, tem-se em sucessivos quicar que:

$$E_2/E = E_3/E_2 = E_4/E_3 = E_5/E_4 = ... = E_n/E_{n-1} = e^2$$

Como a sequência (E, E_2, E_3, E_4, E_5,..., E_n) é uma progressão geométrica de razão (e^2), então, pode-se escrever que:

$$E_2 = E \cdot e^2$$
$$E_3 = E_2 \cdot e^2 \rightarrow E_3 = E \cdot (e^2)^2$$
$$E_4 = E_3 \cdot e^2 \rightarrow E_4 = E \cdot (e^2)^3$$
$$E_5 = E_4 \cdot e^2 \rightarrow E_5 = E \cdot (e^2)^4$$

Generalizando a qualquer energia cinética adquirida pela esfera, tem-se que:

$$E_n = E \cdot (e^2)^{(n-1)}$$

$$E_n = E \cdot e^{2(n-1)}$$

Tal expressão é a equação geral para o cálculo de qualquer energia cinética adquirida pela esfera em sucessivos quicar.

28. Equação Geral: Quantidade de Movimento

Uma esfera ao ser solta em queda livre colide contra um plano horizontal fixo com uma quantidade movimento (**Q**). Imediatamente após a colisão a quantidade de movimento da esfera passa para (q_2). Assim, em sucessivas colisões da esfera, a cada quicar, adquirirá uma quantidade de movimento inferior ao anterior numa progressão geométrica (Q, q_2, q_3, q_4, q_5,..., q_n). Partindo da definição de que e = q/Q, tem-se em sucessivos quicar que:

$$q_2/Q = q_3/q_2 = q_4/q_3 = q_5/q_4 = ... = q_n/q_{n-1} = e$$

Como a sequência (Q, q_2, q_3, q_4, q_5,..., q_n) é uma progressão geométrica de razão (e), então, pode-se escrever que:

$$q_2 = Q \cdot e$$
$$q_3 = q_2 \cdot e \rightarrow q_3 = Q \cdot e^2$$
$$q_4 = q_3 \cdot e \rightarrow q_4 = Q \cdot e^3$$
$$q_5 = q_4 \cdot e \rightarrow q_5 = Q \cdot e^4$$

Generalizando a qualquer quantidade de movimento adquirido pela esfera, tem-se que:

$$q_n = Q \cdot e^{(n-1)}$$

Tal expressão é a equação geral para o cálculo de qualquer quantidade de movimento adquirido pela esfera em sucessivos quicar.

29. Equação Geral: Velocidade

Uma esfera ao ser solta em queda livre colide contra um plano horizontal fixo com uma velocidade (**V**). Imediatamente após a colisão a velocidade da esfera passa para (v_2). Assim, em sucessivas colisões da esfera, a cada quicar, adquirirá uma velocidade inferior à anterior numa progressão geométrica (V, v_2, v_3, v_4, v_5,..., v_n). Partindo da definição de que e = v/V, tem-se em sucessivos quicar que:

$$v_2/V = v_3/v_2 = v_4/v_3 = v_5/v_4 = ... = v_n/v_{n-1} = e$$

Como a sequência (V, v_2, v_3, v_4, v_5,..., v_n) é uma progressão geométrica de razão (e), então, pode-se escrever que:

$$\begin{array}{lcl} & & v_2 = V \cdot e \\ v_3 = v_2 \cdot e & \rightarrow & v_3 = V \cdot e^2 \\ v_4 = v_3 \cdot e & \rightarrow & v_4 = V \cdot e^3 \\ v_5 = v_4 \cdot e & \rightarrow & v_5 = V \cdot e^4 \end{array}$$

Generalizando a qualquer velocidade adquirida pela esfera, tem-se que:

$$v_n = V \cdot e^{(n-1)}$$

Tal expressão é a equação geral para o cálculo de qualquer velocidade adquirida pela esfera em seu sucessivo quicar contra um anteparo horizontal fixo.

30. Equação Geral: Intervalo de Tempo

Uma esfera ao ser solta em queda livre colide contra um plano horizontal fixo gastando um tempo (**T**). Imediatamente após a colisão a esfera gasta um intervalo de tempo para alcançar uma altura máxima (t_2). Assim, em sucessivas colisões da esfera, a cada quicar, adquirirá um intervalo de tempo inferior ao anterior numa progressão geométrica (T, t_2, t_3, t_4, t_5,..., t_n). Partindo da definição de que e = t/T, tem-se em sucessivos quicar que:

$$t_2/T = t_3/t_2 = t_4/t_3 = t_5/t_4 = ... = t_n/t_{n-1} = e$$

Como a sequência (T, t_2, t_3, t_4, t_5,..., t_n) é uma progressão geométrica de razão (e), então, pode-se escrever que:

$$t_2 = T \cdot e$$
$$t_3 = t_2 \cdot e \quad \rightarrow \quad t_3 = T \cdot e^2$$
$$t_4 = t_3 \cdot e \quad \rightarrow \quad t_4 = T \cdot e^3$$
$$t_5 = t_4 \cdot e \quad \rightarrow \quad t_5 = T \cdot e^4$$

Generalizando a qualquer intervalo de tempo gasto pela esfera ao percorrer sua altura, tem-se que:

$$t_n = T \cdot e^{(n-1)}$$

Tal expressão é a equação geral para o cálculo de qualquer intervalo de tempo empregado pela esfera em percorrer sua altura em seu sucessivo quicar contra um anteparo horizontal fixo.

31. Equações Derivadas (I)

Dado três dos quatro elementos que constituem a equação geral da altura (h_n, H, e, n) pode-se calcular qualquer um dos quatros elementos, mediando o emprego da própria equação geral e de suas equações derivadas.

a) $h_n = H \cdot e^{2(n-1)}$
b) $H = h_n / e^{2(n-1)}$
c) $e = \sqrt[2(n-1)]{h_n/H}$

O cálculo de (**n**) requer emprego de logaritmos, conforme revela a seguinte expressão:

d) $2(n-1) = \log_e (h_n/H) = \log_e h_n - \log_e H$

Dado três dos quatro elementos que constituem a equação geral da energia potencial (w_n, W, e, n) pode-se calcular qualquer um dos quatros elementos, mediando o emprego da equação geral e de suas equações derivadas.

a) $w_n = W \cdot e^{2(n-1)}$
b) $W = w_n / e^{2(n-1)}$
c) $e = \sqrt[2(n-1)]{w_n/W}$

O cálculo de (**n**) requer emprego de logaritmos, conforme revela a seguinte expressão:

d) $2(n-1) = \log_e (w_n/W) = \log_e w_n - \log_e W$

Dado três dos quatro elementos que constituem a equação geral da energia cinética (E_n, E, e, n) pode-se calcular qualquer um dos quatros elementos, mediando o emprego da própria equação geral e de suas equações derivadas.

a) $E_n = E \cdot e^{2(n-1)}$
b) $E = E_n / e^{2(n-1)}$
c) $e = \sqrt[2(n-1)]{E_n/E}$

O cálculo de (**n**) requer emprego de logaritmos, conforme revela a seguinte expressão:

d) $2(n-1) = \log_e (E_n/E) = \log_e E_n - \log_e H$

32. Equações Derivadas (II)

Dado três dos quatro elementos que constituem a equação geral da velocidade (v_n, V, e, n) pode-se calcular qualquer um dos quatros elementos, mediando o emprego da própria equação geral e de suas equações derivadas.
    a) $v_n = V \cdot e^{n-1}$
    b) $V = v_n / e^{n-1}$
    c) $e = {}^{n-1}\sqrt{v_n / V}$

O cálculo de (n) requer emprego de logaritmos, conforme revela a seguinte expressão:
    d) $n - 1 = \log_e (v_n / V) = \log_e v_n - \log_e V$

Dado três dos quatro elementos que constituem a equação geral do intervalo de tempo (t_n, T, e, n) pode-se calcular qualquer um dos quatro elementos, mediando o emprego da equação geral e de suas equações derivadas.
    a) $t_n = T \cdot e^{n-1}$
    b) $T = t_n / e^{n-1}$
    c) $e = {}^{n-1}\sqrt{t_n / T}$

O cálculo de (n) requer emprego de logaritmos, conforme revela a seguinte expressão:
    d) $n - 1 = \log_e (t_n / T) = \log_e t_n - \log_e T$

Dado três dos quatro elementos que constituem a equação geral da quantidade de movimento (q_n, Q, e, n) pode-se calcular qualquer um dos quatro elementos, mediando o emprego da equação geral e de suas equações derivadas.
    a) $q_n = Q \cdot e^{n-1}$
    b) $Q = q_n / e^{n-1}$
    c) $e = {}^{n-1}\sqrt{q_n / Q}$

O cálculo de (n) requer emprego de logaritmos, conforme revela a seguinte expressão:
    d) $n - 1 = \log_e (q_n / Q) = \log_e q_n - \log_e Q$

33. Equação Geral: Número de Diâmetros

$\mathbf{U}$ma esfera de diâmetro (**D**) ao ser solta de uma determinada altura (**H**), colide contra um anteparo fixo, para em seguida retornar ao alto numa nova altura (h_2).

O número de diâmetros da esfera em relação a altura alcançada é definida pela seguinte relação:

$N = H/D$
$N_2 = h_2/D$
$N_3 = h_3/D$
$N_4 = h_4/D$
$N_n = h_n/D$

Sabe-se que: $e^2 = h/H$. Desse modo vem que:

$h_2 = H \cdot e^2$
$h_3 = h_2 \cdot e^2 \quad \rightarrow \quad h_3 = H \cdot (e^2)^2$
$h_4 = h_3 \cdot e^2 \quad \rightarrow \quad h_4 = H \cdot (e^2)^3$
$h_n = h_{n-1} \cdot e^2 \quad \rightarrow \quad h_n = H \cdot e^{2(n-1)}$

Substituindo convenientemente as referidas expressões, obtém-se que:

$N = H/D$
$N_2 = h_2/D \quad \rightarrow N_2 = H \cdot e^2/D \quad \rightarrow N_2 = e^2 \cdot N$
$N_3 = h_3/D \quad \rightarrow N_3 = H \cdot (e^2)^2/D \quad \rightarrow N_3 = (e^2)^2 \cdot N$
$N_4 = h_4/D \quad \rightarrow N_4 = H \cdot (e^2)^3/D \quad \rightarrow N_4 = (e^2)^3 \cdot N$
$N_n = h_n/D \quad \rightarrow N_n = H \cdot (e^2)^{n-1}/D \quad \rightarrow N_n = (e^2)^{n-1} \cdot N$

Diante do exposto a equação geral para o número de diâmetros de uma esfera em relação à altura alcançada é a seguinte:

$$N_n = e^{2(n-1)} \cdot N$$

34. Relações Matemáticas

Uma esfera ao ser solta em queda livre, de uma altura (**H**), possui uma energia potencial (**W**), colide contra um anteparo fixo com uma energia cinética (**E**), para em seguida retornar para o alto com uma energia cinética (**E_n**) adquirindo uma altura (**h_n**), com uma energia potencial (**w_n**). Assim, em sucessivas colisões da esfera contra um anteparo horizontal, a cada quicar, alcançará uma altura, uma energia potencial e uma energia cinética inferiores às anteriores numa perfeita progressão geométrica

Pela equação geral foram demonstradas as seguintes verdades:
a) $h_n = H \cdot e^{2(n-1)}$
b) $w_n = W \cdot e^{2(n-1)}$
c) $E_n = E \cdot e^{2(n-1)}$
d) $N_n = N \cdot e^{2(n-1)}$

Tais equações permitem estabelecer a seguinte igualdade:

$$e^{2(n-1)} = h_n/H = w_n/W = E_n/E = N_n/N$$

Também foi demonstrado que:
a) $v_n = V \cdot e^{n-1}$
b) $t_n = T \cdot e^{n-1}$
c) $q_n = Q \cdot e^{n-1}$

Que permitem escrever a seguinte igualdade:

$$e^{n-1} = v_n/V = t_n/T = q_n/Q$$

35. Perda de Altura

Uma esfera em queda livre a partir de uma altura inicial (**H**) colide contra uma superfície horizontal fixa. Após a colisão, ela retorna para o alto alcançando uma nova altura (**h_2**), porém, inferior à altura inicial (**H**). Em seguida a esfera torna a entrar em queda livre a partir da altura (**h_2**). Ao quicar contra a superfície horizontal fixa, ela retorna ao alto, alcançando uma nova altura (**h_3**), porém, inferior à altura (**h_2**).

Nessa sucessão, a diferença entre a altura anterior pela altura posterior, representa a altura consumida ou perdida (**a_1**) após a colisão.

$a_1 = H - h_2$
$a_2 = h_2 - h_3$
$a_3 = h_3 - h_4$

Como foi demonstrado:

$h_2 = H \cdot e^2$
$h_3 = h_2 \cdot e^2$
$h_4 = h_3 \cdot e^2$

Portanto, pode-se escrever que a seguinte verdade:

$a_1 = H - h_2 = H - H \cdot e^2 = H \cdot (1 - e^2)$
$a_2 = h_2 - h_3 = h_2 - h_2 \cdot e^2 = h_2 \cdot (1 - e^2)$
$a_3 = h_3 - h_4 = h_3 - h_3 \cdot e^2 = h_3 \cdot (1 - e^2)$

Dividindo **a_2** por **a_1**, obtém-se que:

$a_2/a_1 = h_2 \cdot (1 - e^2)/H \cdot (1 - e^2)$

Eliminando os termos em evidência, resulta:

$$a_2/a_1 = h_2/H$$

Ora, (**h_2/H**) é o resultado que define o coeficiente de restituição (**e^2**) em relação à altura, logo:

$$e^2 = a_2/a_1$$

36. Equação Geral: Perda de Altura

Uma esfera em queda livre quica contra uma superfície horizontal fixa num choque semielástico. Em seguida ela retorna para o alto simplesmente para tornar a cair e quicar contra a superfície horizontal fixa. A cada quicar a esfera perde parte de sua altura anterior. Esse fenômeno gera uma sucessão de colisões, cujo quociente entre cada uma das alturas perdidas, a partir da segunda pela sua antecessora é sempre o mesmo. Em matemática essa relação constante é designada por razão de progressão geométrica.

De acordo com essa definição, as sucessivas colisões de uma esfera contra uma superfície horizontal fixa leva à perda de altura a cada quicar numa progressão geométrica (a_1, a_2, a_3, a_4, a_5,..., a_n). Partindo da definição de que $e^2 = a_2/a_1$, tem-se em sucessivos quicar a seguinte igualdade:

$$a_2/a_1 = a_3/a_2 = a_4/a_3 = a_5/a_4 = ... = a_n/a_{n-1} = e^2$$

Como a sequencia (a_1, a_2, a_3, a_4, a_5,..., a_n) é uma progressão geométrica de razão (e^2), então, pode-se escrever que:

$$a_2 = a_1 \cdot e^2$$
$$a_3 = a_2 \cdot e^2 \quad \rightarrow \quad a_3 = a_1 \cdot (e^2)^2$$
$$a_4 = a_3 \cdot e^2 \quad \rightarrow \quad a_4 = a_1 \cdot (e^2)^3$$
$$a_5 = a_4 \cdot e^2 \quad \rightarrow \quad a_5 = a_1 \cdot (e^2)^4$$

Generalizando para qualquer altura consumida pela esfera, tem-se que:

$$a_n = a_1 \cdot (e^2)^{(n-1)}$$
$$a_n = a_1 \cdot e^{2(n-1)}$$

Tal expressão é a equação geral para o cálculo de qualquer altura perdida pela esfera em sucessivos quicar.

37. Altura Perdida em Função da Altura Inicial

$\textbf{U}$ma esfera em queda livre, partindo de uma altura inicial (**H**), ao quicar contra uma superfície horizontal fixa, retorna para o alto e atinge uma altura (**h**) inferior à altura anterior (**h** < **H**). Essa perda de altura resulta da dissipação energética interna do sistema.

Sendo (**H**) a altura original, (**h**) a altura restaurada pelo sistema e (**a**) a altura perdida, pode-se escrever:

$$a = H - h$$

Para o cálculo da altura perdida num quicar sucessivo qualquer, tem-se o seguinte:

$$a_n = H - h_n$$

Demonstrei que a equação geral para o cálculo de qualquer altura adquirida pela esfera em sucessivos quicar é expressa por:

$$h_n = H \cdot e^{2(n-1)}$$

Substituindo convenientemente as duas últimas expressões, resulta que:

$$a_n = H - H \cdot e^{2(n-1)}$$
$$a_n = H \cdot (1 - e^{2(n-1)})$$

Essa é a expressão que permite calcular a altura perdida em função da altura inicial.

38. Perda de Energia Potencial

Uma esfera em queda livre com uma energia potencial inicial (**W**) colide contra uma superfície horizontal fixa. Após a colisão, ela retorna ao alto alcançando uma nova energia potencial (w_2), porém, inferior à energia potencial anterior (**W**). Em seguida a esfera torna a entrar em queda livre com uma energia potencial (w_2). Ao quicar contra a superfície horizontal fixa, ela retorna ao alto, alcançando uma nova energia potencial (w_3), porém, inferior à energia potencial (w_2).

Nessa sucessão, a diferença entre a energia potencial anterior pela energia potencial posterior, representa a energia potencial dissipada (r_1) nas colisões.

$r_1 = W - w_2$
$r_2 = w_2 - w_3$
$r_3 = w_3 - w_4$

Como foi demonstrado:
$w_2 = W \cdot e^2$
$w_3 = w_2 \cdot e^2$
$w_4 = w_3 \cdot e^2$

Portanto, pode-se escrever que a seguinte verdade:
$r_1 = W - w_2 = W - W \cdot e^2 = W \cdot (1 - e^2)$
$r_2 = w_2 - w_3 = w_2 - w_2 \cdot e^2 = w_2 \cdot (1 - e^2)$
$r_3 = w_3 - w_4 = w_3 - w_3 \cdot e^2 = w_3 \cdot (1 - e^2)$

Dividindo r_2 por r_1, obtém-se que:
$r_2/r_1 = w_2 \cdot (1 - e^2)/W \cdot (1 - e^2)$

Eliminando os termos em evidência, resulta:
$$r_2/r_1 = w_2/W$$

Ora, (w_2/W) é o resultado que define o coeficiente de restituição (e^2) em relação à energia potencial, logo:

$$e^2 = r_2/r_1$$

39. Equação Geral: Energia Potencial Perdida

Ao quicar contra uma superfície horizontal fixa num choque semielástico, uma esfera retorna ao alto simplesmente para tornar a cair e quicar novamente contra a superfície horizontal fixa. A cada quicar a esfera perde parte de sua energia potencial anterior. A queda da esfera gera uma sucessão de colisões, cujo quociente entre cada uma das energias potenciais consumidas, a partir da posterior pela antecessora é sempre o mesmo. Em matemática essa relação constante é chamada por razão de progressão geométrica.

De acordo com essa definição, as sucessivas colisões de uma esfera contra uma superfície horizontal fixa leva à perda de energia potencial após cada quicar numa progressão geométrica (r_1, r_2, r_3, r_4, r_5,..., r_n). Partindo da definição de que $e^2 = r_2/r_1$, tem-se em sucessivos quicar a seguinte igualdade:
$$r_2/r_1 = r_3/r_2 = r_4/r_3 = r_5/r_4 = ... = r_n/r_{n-1} = e^2$$

Como a sequencia (r_1, r_2, r_3, r_4, r_5,..., r_n) é uma progressão geométrica de razão (e^2), então, pode-se escrever que:

$$r_2 = r_1 \cdot e^2$$
$$r_3 = r_2 \cdot e^2 \rightarrow r_3 = r_1 \cdot (e^2)^2$$
$$r_4 = r_3 \cdot e^2 \rightarrow r_4 = r_1 \cdot (e^2)^3$$
$$r_5 = r_4 \cdot e^2 \rightarrow r_5 = r_1 \cdot (e^2)^4$$

Generalizando para qualquer energia potencial consumida pelo quicar da esfera, tem-se que:
$$r_n = r_1 \cdot (e^2)^{(n-1)}$$
$$r_n = r_1 \cdot e^{2(n-1)}$$

Tal expressão é a equação geral para o cálculo de qualquer energia potencial consumida pela esfera em sucessivos quicar.

40. Energia Potencial Perdida em Função da Energia Inicial

Uma esfera em queda livre apresenta energia potencial (W). Ao colidir contra uma superfície horizontal fixa, retorna ao alto adquirindo uma nova energia potencial (w), porém inferior à energia potencial original ($w < W$). Essa perda de energia potencial ocorre devido à dissipação energética interna.

Sendo (W) a energia potencial original, (w) a energia potencial recuperada e (r) a energia perdida, pode-se escrever:

$r = W - w$

Para o cálculo da energia perdida num quicar sucessivo qualquer, tem-se o seguinte:

$r_n = W - w_n$

Demonstrei que a equação geral para o cálculo de qualquer energia potencial adquirida pela esfera em sucessivos quicar é expressa por:

$w_n = W \cdot e^{2(n-1)}$

Substituindo convenientemente as duas últimas expressões, resulta que:

$r_n = W - W \cdot e^{2(n-1)}$
$r_n = W \cdot (1 - e^{2(n-1)})$

Essa é a expressão que permite calcular a energia potencial dissipada em função da energia potencial inicial.

41. Perda de Energia Cinética

Uma esfera parte em queda livre com uma energia potencial inicial (W) e colide contra uma superfície horizontal fixa com uma energia cinética (E). Após a colisão, ela retorna ao alto com uma energia cinética (E_2), alcançando uma nova energia potencial (w_2). Em seguida a esfera torna a entrar em queda livre com a energia potencial (w_2) e colide contra a superfície horizontal fixa com uma energia cinética (E_2). Ao quicar contra a superfície horizontal fixa, ela retorna ao alto com uma energia cinética (E_3), inferior à energia potencial (E_2).

Nessa sucessão, a diferença entre a energia cinética anterior pela energia cinética posterior, representa a energia cinética dissipada (c_1) nas colisões.

$c_1 = E - E_2$
$c_2 = E_2 - E_3$
$c_3 = E_3 - E_4$

Como foi demonstrado:

$E_2 = E \cdot e^2$
$E_3 = E_2 \cdot e^2$
$E_4 = E_3 \cdot e^2$

Portanto, pode-se escrever que a seguinte verdade:

$c_1 = E - E_2 = E - E \cdot e^2 = E \cdot (1 - e^2)$
$c_2 = E_2 - E_3 = E_2 - E_2 \cdot e^2 = E_2 \cdot (1 - e^2)$
$c_3 = E_3 - E_4 = E_3 - E_3 \cdot e^2 = E_3 \cdot (1 - e^2)$

Dividindo c_2 por c_1, obtém-se que:

$c_2/c_1 = E_2 \cdot (1 - e^2)/E \cdot (1 - e^2)$

Eliminando os termos em evidência, resulta:

$$c_2/c_1 = E_2/E$$

Ora, (E_2/E) é o resultado que define o coeficiente de restituição (e^2) em relação à energia potencial, logo:

$$e^2 = c_2/c_1$$

42. Equação Geral: Energia Cinética Dissipada

Ao quicar contra uma superfície horizontal fixa num choque semielástico, uma esfera retorna ao alto simplesmente para tornar a cair e quicar novamente contra a superfície horizontal fixa. A cada quicar a esfera perde parte de sua energia cinética anterior. A queda da esfera gera uma sucessão de colisões, cujo quociente entre cada uma das energias cinéticas consumidas a partir da posterior pela antecessora é sempre o mesmo. Em matemática essa relação constante é chamada por razão de progressão geométrica.

De acordo com essa definição, as sucessivas colisões de uma esfera contra uma superfície horizontal fixa leva à perda de energia cinética após cada quicar numa progressão geométrica (c_1, c_2, c_3, c_4 c_5,..., c_n). Partindo da definição de que $e^2 = c_2/c_1$, tem-se em sucessivos quicar a seguinte igualdade:

$$c_2/c_1 = c_3/c_2 = c_4/c_3 = c_5/c_4 = ... = c_n/c_{n-1} = e^2$$

Como a sequencia (c_1, c_2, c_3, c_4, c_5,..., c_n) é uma progressão geométrica de razão (e^2), então, pode-se escrever que:

$$c_2 = c_1 \cdot e^2$$
$$c_3 = c_2 \cdot e^2 \rightarrow c_3 = c_1 \cdot (e^2)^2$$
$$c_4 = c_3 \cdot e^2 \rightarrow c_4 = c_1 \cdot (e^2)^3$$
$$c_5 = c_4 \cdot e^2 \rightarrow c_5 = c_1 \cdot (e^2)^4$$

Generalizando para qualquer energia potencial consumida pelo quicar da esfera, tem-se que:

$$c_n = c_1 \cdot (e^2)^{(n-1)}$$
$$c_n = c_1 \cdot e^{2(n-1)}$$

Tal expressão é a equação geral para o cálculo de qualquer energia potencial consumida pela esfera em sucessivos quicar.

43. Energia Cinética Dissipada em Função da Energia Inicial

Uma esfera em queda livre, ao quicar contra um plano horizontal fixo, apresenta energia cinética (E). Após a colisão emerge para as alturas com uma energia cinética (E_2) inferior à energia cinética anterior ($E_2 < E$). Essa perda de energia cinética deve-se à dissipação energética interna do sistema.

Sendo (E) a energia cinética original, (E_2) a energia cinética restaurada pelo sistema e (c) a energia dissipada, pode-se escrever:

$c = E - E_2$

Para o cálculo da energia perdida num quicar sucessivo qualquer, tem-se o seguinte:

$c_n = E - E_n$

Demonstrei que a equação geral para o cálculo de qualquer energia cinética adquirida pela esfera em sucessivos quicar é expressa por:

$E_n = E \cdot e^{2(n-1)}$

Substituindo convenientemente as duas últimas expressões, resulta que:

$c_n = E - E \cdot e^{2(n-1)}$
$c_n = E \cdot (1 - e^{2(n-1)})$

Essa é a expressão que permite calcular a energia potencial dissipada em função da energia potencial inicial.

44. Tempo Gasto

Uma esfera em queda livre colide contra uma superfície horizontal fixa após ter gasto um tempo (T). Após a colisão, ela retorna para o alto gastando um tempo (t_2), porém, inferior ao tempo de queda inicial (T). Em seguida a esfera torna a entrar em queda livre gastando um tempo (t_2) até o impacto. Ao quicar contra a superfície horizontal fixa, ela retorna ao alto, gastando um novo tempo (t_3), porém, inferior ao tempo de queda anterior (t_2).

Nessa sucessão, a diferença entre o tempo de queda anterior pelo tempo de queda posterior, representa o tempo gasto (x) após a colisão.

$x_1 = T - t_2$
$x_2 = t_2 - t_3$
$x_3 = t_3 - t_4$

Como foi demonstrado:

$t_2 = T \cdot e$
$t_3 = t_2 \cdot e$
$t_4 = t_3 \cdot e$

Portanto, pode-se escrever que a seguinte verdade:

$x_1 = T - t_2 = T - T \cdot e = T \cdot (1 - e)$
$x_2 = t_2 - t_3 = t_2 - t_2 \cdot e = t_2 \cdot (1 - e)$
$x_3 = t_3 - t_4 = t_3 - t_3 \cdot e = t_3 \cdot (1 - e)$

Dividindo x_2 por x_1, obtém-se que:

$x_2/x_1 = t_2 \cdot (1 - e)/T \cdot (1 - e)$

Eliminando os termos em evidência, resulta:

$$x_2/x_1 = t_2/T$$

Ora, (t_2/T) é o resultado que define o coeficiente de restituição (e) em relação ao tempo de queda, logo:

$$e = x_2/x_1$$

45. Equação Geral: Tempo Gasto

Uma esfera em queda livre quica contra uma superfície horizontal fixa num choque semielástico. Em seguida ela retorna para o alto simplesmente para tornar a cair e quicar contra a superfície horizontal fixa. A cada quicar da esfera, parte do tempo é consumida, em relação ao tempo de queda anterior. Esse fenômeno gera uma sucessão de colisões, cujo quociente entre cada um dos intervalos de tempos perdidos, a partir do segundo pelo seu antecessor é sempre o mesmo. Em matemática essa relação constante é designada por razão de progressão geométrica.

De acordo com essa definição, as sucessivas colisões de uma esfera contra uma superfície horizontal fixa leva à perda de tempo após cada quicar numa progressão geométrica (x_1, x_2, x_3, x_4, x_5,..., x_n). Partindo da definição de que $e = x_2/x_1$, tem-se em sucessivos quicar a seguinte igualdade:

$$x_2/x_1 = x_3/x_2 = x_4/x_3 = x_5/x_4 = ... = x_n/x_{n-1} = e$$

Como a sequencia (x_1, x_2, x_3, x_4, x_5,..., x_n) é uma progressão geométrica de razão (e), então, pode-se escrever que:

$$x_2 = x_1 \cdot e$$
$$x_3 = x_2 \cdot e \quad \rightarrow \quad x_3 = x_1 \cdot e^2$$
$$x_4 = x_3 \cdot e \quad \rightarrow \quad x_4 = x_1 \cdot e^3$$
$$x_5 = x_4 \cdot e \quad \rightarrow \quad x_5 = x_1 \cdot e^4$$

Generalizando para qualquer altura consumida pela esfera, tem-se que:

$$x_n = x_1 \cdot e^{(n-1)}$$

Tal expressão é a equação geral para o cálculo do tempo consumido pela esfera em sucessivos quicar.

46. Tempo Gasto em Função do Tempo Inicial

Uma esfera em queda livre a partir de uma altura inicial até o momento de quicar contra uma superfície plana leva um tempo (**T**). Após quicar contra a superfície horizontal fixa, retorna para o alto, levanto certo tempo (**t**) inferior ao tempo anterior (**t < T**).

Sendo (**T**) o tempo inicial, (**t**) o tempo restaurado pelo sistema e (**x**) o tempo perdido. Então, pode-se escrever que:

$$x = T - t$$

Para o cálculo de tempo perdido num quicar sucessivo qualquer, tem-se o seguinte:

$$x_n = T - t_n$$

Demonstrei que a equação geral para o cálculo de qualquer tempo adquirido pela esfera em sucessivos quicar é expresso por:

$$t_n = T \cdot e^{n-1}$$

Substituindo convenientemente as duas últimas expressões, resulta que:

$$x_n = T - T \cdot e^{n-1}$$
$$x_n = T \cdot (1 - e^{n-1})$$

Essa é a expressão que permite calcular o tempo perdido em cada quicar em função da altura inicial.

47. Velocidade Perdida

Uma esfera em queda livre colide contra uma superfície horizontal fixa numa velocidade (**V**). Após a colisão, ela retorna para o alto com uma velocidade (v_2), porém, inferior à velocidade de queda inicial (**V**). Em seguida a esfera torna a entrar em queda livre com uma velocidade (v_2) até o impacto. Ao quicar contra a superfície horizontal fixa, ela retorna ao alto, com uma velocidade (v_3), porém, inferior à velocidade de queda anterior (v_2).

Nessa sucessão, a diferença entre a velocidade de queda anterior pela velocidade de queda posterior, representa a velocidade perdida (**z**) após a colisão.

$z_1 = V - v_2$
$z_2 = v_2 - v_3$
$z_3 = v_3 - v_4$

Como foi demonstrado:

$v_2 = V \cdot e$
$v_3 = v_2 \cdot e$
$v_4 = v_3 \cdot e$

Portanto, pode-se escrever que a seguinte verdade:

$z_1 = V - v_2 = V - V \cdot e = V \cdot (1 - e)$
$z_2 = v_2 - v_3 = v_2 - v_2 \cdot e = v_2 \cdot (1 - e)$
$z_3 = v_3 - v_4 = v_3 - v_3 \cdot e = v_3 \cdot (1 - e)$

Dividindo z_2 por z_1, obtém-se que:

$z_2/z_1 = v_2 \cdot (1 - e)/V \cdot (1 - e)$

Eliminando os termos em evidência, resulta:

$$z_2/z_1 = v_2/V$$

Ora, (v_2/V) é o resultado que define o coeficiente de restituição (**e**) em relação à velocidade de queda, logo:

$$e = z_2/z_1$$

48. Equação Geral: Velocidade Perdida

Uma esfera em queda livre quica contra uma superfície horizontal fixa num choque semielástico. Em seguida ela retorna para o alto simplesmente para tornar a cair e quicar contra a superfície horizontal fixa. A cada quicar da esfera, parte da velocidade é perdida, em relação à velocidade anterior. Esse fenômeno gera uma sucessão de colisões, cujo quociente entre cada velocidade perdida, a partir da segunda pela sua antecessora é sempre a mesma. Em matemática essa relação constante é designada por razão de progressão geométrica.

De acordo com essa definição, as sucessivas colisões de uma esfera contra uma superfície horizontal fixa leva à perda de velocidade após cada quicar numa progressão geométrica (z_1, z_2, z_3, z_4, z_5,..., z_n). Partindo da definição de que $e = z_2/z_1$, tem-se em sucessivos quicar a seguinte igualdade:

$$z_2/z_1 = z_3/z_2 = z_4/z_3 = z_5/z_4 = ... = z_n/z_{n-1} = e$$

Como a sequencia (z_1, z_2, z_3, z_4, z_5,..., z_n) é uma progressão geométrica de razão (e), então, pode-se escrever que:

$$z_2 = z_1 \cdot e$$
$$z_3 = z_2 \cdot e \quad \rightarrow \quad z_3 = z_1 \cdot e^2$$
$$z_4 = z_3 \cdot e \quad \rightarrow \quad z_4 = z_1 \cdot e^3$$
$$z_5 = z_4 \cdot e \quad \rightarrow \quad z_5 = z_1 \cdot e^4$$

Generalizando para qualquer altura consumida pela esfera, tem-se que:

$$z_n = z_1 \cdot e^{(n-1)}$$

Tal expressão é a equação geral para o cálculo da velocidade perdida pela esfera em sucessivos quicar.

49. A Velocidade Perdida em Função da Velocidade Inicial

Uma esfera em queda livre a partir de uma altura inicial até o momento de quicar contra uma superfície plana apresenta uma velocidade (**V**). Após quicar contra a superfície horizontal fixa, retorna para o alto com uma velocidade (**v**) inferior à velocidade anterior (v < V).

Sendo (**V**) a velocidade inicial, (**v**) a velocidade emergente e (**z**) a velocidade perdida, pode-se escrever que:

$$z = V - v$$

Para o cálculo da velocidade perdida num quicar sucessivo qualquer, tem-se o seguinte:

$$z_n = V - v_n$$

Demonstrei que a equação geral para o cálculo de qualquer velocidade adquirida pela esfera em sucessivos quicar é expressa por:

$$v_n = V \cdot e^{n-1}$$

Substituindo convenientemente as duas últimas expressões, resulta que:

$$z_n = V - V \cdot e^{n-1}$$
$$z_n = V \cdot (1 - e^{n-1})$$

Essa é a expressão que permite calcular a velocidade perdida em cada quicar em função da velocidade inicial.

50. Movimento Dissipado

Uma esfera em queda livre colide contra uma superfície horizontal fixa com uma quantidade de movimento (**Q**). Após a colisão, ela torna ao alto com uma quantidade de movimento (q_2), inferior à quantidade de movimento inicial (**Q**). Em seguida ela torna a entrar em queda livre com uma quantidade de movimento (q_2) até o impacto. Ao quicar contra a superfície horizontal fixa, ela retorna ao alto, com uma quantidade de movimento (q_3), porém, inferior à quantidade de movimento de queda anterior (q_2). Nessa sucessão, a diferença entre a quantidade de movimento de queda anterior pela quantidade de movimento de queda posterior, representa a quantidade de movimento dissipado (**y**) após a colisão.

$y_1 = Q - q_2$
$y_2 = q_2 - q_3$
$y_3 = q_3 - q_4$

Como foi demonstrado:

$q_2 = Q \cdot e$
$q_3 = q_2 \cdot e$
$q_4 = q_3 \cdot e$

Portanto, pode-se escrever a seguinte verdade:

$y_1 = Q - q_2 = Q - Q \cdot e = Q \cdot (1 - e)$
$y_2 = q_2 - q_3 = q_2 - q_2 \cdot e = q_2 \cdot (1 - e)$
$y_3 = q_3 - q_4 = q_3 - q_3 \cdot e = q_3 \cdot (1 - e)$

Dividindo y_2 por y_1, obtém-se que:

$y_2/y_1 = q_2 \cdot (1 - e)/Q \cdot (1 - e)$

Eliminando os termos em evidência, resulta:

$$y_2/y_1 = q_2/Q$$

Ora, (q_2/Q) é o resultado que define o coeficiente de restituição (**e**) em relação à quantidade de movimento de queda, logo:

$$e = y_2/y_1$$

51. Equação Geral: Movimento Dissipado

Uma esfera em queda livre quica contra uma superfície horizontal fixa num choque semielástico. Em seguida ela retorna para o alto simplesmente para tornar a cair e quicar contra a superfície horizontal fixa. A cada quicar da esfera, parte da quantidade de movimento é perdida, em relação à velocidade anterior. Esse fenômeno gera uma sucessão de colisões, cujo quociente entre cada quantidade de movimento perdida, a partir do segundo pela sua antecessora é sempre a mesma. Em matemática essa relação constante é designada por razão de progressão geométrica.

De acordo com essa definição, as sucessivas colisões de uma esfera contra uma superfície horizontal fixa leva à perda de quantidade de movimento após cada quicar numa progressão geométrica (y_1, y_2, y_3, y_4, y_5,..., y_n). Partindo da definição de que $e = y_2/y_1$, tem-se em sucessivos quicar a seguinte igualdade:

$$y_2/y_1 = y_3/y_2 = y_4/y_3 = y_5/y_4 = ... = y_n/y_{n-1} = e$$

Como a sequencia (y_1, y_2, y_3, y_4, y_5,..., y_n) é uma progressão geométrica de razão (e), então, pode-se escrever que:

$$y_2 = y_1 \cdot e$$
$$y_3 = y_2 \cdot e \rightarrow y_3 = y_1 \cdot e^2$$
$$y_4 = y_3 \cdot e \rightarrow y_4 = y_1 \cdot e^3$$
$$y_5 = y_4 \cdot e \rightarrow y_5 = y_1 \cdot e^4$$

Generalizando para qualquer altura consumida pela esfera, tem-se que:

$$y_n = y_1 \cdot e^{n-1}$$

Tal expressão é a equação geral para o cálculo da quantidade de movimento perdido pela esfera em sucessivos quicar.

52. Movimento Dissipado em Função do Movimento Inicial

Uma esfera em queda livre, partindo de uma altura inicial até o momento de quicar contra uma superfície plana, apresenta uma quantidade de movimento (**Q**). Após quicar contra a superfície horizontal fixa, retorna para o alto com uma quantidade de movimento (**q**) inferior à quantidade de movimento anterior (**q < Q**).

Sendo (**Q**) a quantidade de movimento inicial, (**q**) a quantidade de movimento emergente e (**y**) a quantidade de movimento perdido, pode-se escrever que:

y = Q − q

Para o cálculo da quantidade de movimento perdida num quicar sucessivo qualquer, tem-se o seguinte:

$y_n = Q − q_n$

Demonstrei que a equação geral para o cálculo de qualquer quantidade de movimento adquirida pela esfera em sucessivos quicar é expressa por:

$$q_n = Q \cdot e^{n-1}$$

Substituindo convenientemente as duas últimas expressões, resulta que:

$y_n = Q − Q \cdot e^{n-1}$

$$y_n = Q \cdot (1 − e^{n-1})$$

Essa é a expressão que permite calcular a quantidade de movimento dissipada em cada quicar em função da quantidade de movimento inicial.

53. Soma do Espaço Percorrido

Em sucessivas colisões contra um anteparo horizontal fixo, a partir de uma altura de queda livre inicial (**H**), a somatória do espaço percorrido por uma esfera em suas subidas e descidas é analisada do seguinte modo:

No primeiro quicar, o espaço percorrido pela esfera é expresso por: $S_1 = H$

No segundo quicar, o espaço percorrido pela esfera é expresso por: $S_2 = H + 2h_2$

No terceiro quicar, o espaço percorrido pela esfera é expresso por: $S_3 = H + 2h_2 + 2h_3$

No quarto quicar, o espaço percorrido pela esfera é expresso por: $S_4 = H + 2h_2 + 2h_3 + 2h_4$

No quinto quicar, o espaço percorrido pela esfera é expresso por: $S_5 = H + 2h_2 + 2h_3 + 2h_4 + 2h_5$

Porém, sabe-se que:

$h_2 = H \cdot e^2$
$h_3 = h_2 \cdot e^2 \quad \rightarrow \quad h_3 = H \cdot (e^2)^2$
$h_4 = h_3 \cdot e^2 \quad \rightarrow \quad h_4 = H \cdot (e^2)^3$
$h_5 = h_4 \cdot e^2 \quad \rightarrow \quad h_5 = H \cdot (e^2)^4$

Substituindo as referidas expressões, obtém que:

$S_1 = H$
$S_2 = H + 2H \cdot e^2$
$S_3 = H + 2H \cdot e^2 + 2H \cdot (e^2)^2$
$S_4 = H + 2H \cdot e^2 + 2H \cdot (e^2)^2 + 2H \cdot (e^2)^3$
$S_5 = H + 2H \cdot e^2 + 2H \cdot (e^2)^2 + 2H \cdot (e^2)^3 + 2H \cdot (e^2)^4$

Generalizando para qualquer termo pode-se escrever:

$S_5 = 2H \cdot [1/2 + (e^2)^1 + (e^2)^2 + (e^2)^3 + (e^2)^4]$
$S_n = 2H \cdot [1/2 + (e^2)^1 + (e^2)^2 + (e^2)^3 + ... + (e^2)^{(n-1)}]$
$S_n = 2H \cdot [1/2 + e^{2(n-4)} + e^{2(n-3)} + e^{2(n-2)} + ... + (e^2)^{(n-1)}]$

Que é a equação para o soma do espaço percorrido.

54. Fórmula do Percurso

A progressão: $(e^2)^1 + (e^2)^2 + (e^2)^3 + ... + (e^2)^n$ caracteriza perfeitamente a soma de uma progressão geométrica do tipo:

$$S_n = a^0_1 + a^1_2 + a^2_3 + ... + a^p_n = a_1 \cdot (q^n - 1)/(q - 1)$$

Porém, neste caso (**q = a**), então se pode escrever que:

$$S_n = a^0_1 + a^1_2 + a^2_3 + ... + a^p_n = a_1 \cdot (a^n - 1)/(a - 1)$$

Como (p = n – 1), ou seja, (n = p + 1), conclui-se que:

$$S_n = a^0_1 + a^1_2 + a^2_3 + ... + a^p_n = a_1 \cdot (a^{p+1} - 1)/(a - 1)$$

Como ($a^0_1 = 1$), pode-se escrever que:

$$S_n = a^0_1 + a^1_2 + a^2_3 + ... + a^p_n = (a^{p+1} - 1)/(a - 1)$$

Logo vem que:

$$S_n = a^0 + a^1 + a^2 + ... + a^p = (a^{p+1} - 1)/(a - 1)$$

Adaptando o referido resultado para a progressão, pode-se escrever que:

$$(e^2)^1 + (e^2)^2 + (e^2)^3 + ... + (e^2)^n = [(e^2)^{n+1} - 1/(e^2 - 1)] - 1$$

Portanto, conclui-se que:

$$S_n = 2H \cdot [1/2 + \{[(e^{2(n+1)} - 1)/(e^2 - 1)] - 1\}$$

55. Espaço e Velocidade

Em sucessivas colisões contra um anteparo horizontal fixo, a partir de uma altura de queda livre inicial (**H**), a somatória do espaço percorrido por uma esfera em suas subidas e descidas é analisada do seguinte modo:

No primeiro quicar, o espaço percorrido pela esfera é expresso por: $S_1 = H$

No segundo quicar, o espaço percorrido pela esfera é expresso por: $S_2 = H + 2h_2$

No terceiro quicar, o espaço percorrido pela esfera é expresso por: $S_3 = H + 2h_2 + 2h_3$

No quarto quicar, o espaço percorrido pela esfera é expresso por: $S_4 = H + 2h_2 + 2h_3 + 2h_4$

No quinto quicar, o espaço percorrido pela esfera é expresso por: $S_5 = H + 2h_2 + 2h_3 + 2h_4 + 2h_5$

No enésimo quicar, o espaço percorrido pela esfera é expresso por $S_n = H + 2h_2 + 2h_3 + 2h_4 + 2h_5 + 2h_n$

Porém, sabe-se que:
$V^2 = 2g \cdot H$

Portanto, pode-se escrever que:
$H = V^2/2g$

Substituindo convenientemente as expressões, vem que:
$S_n = V^2/2g + 2v^2_2/2g + 2v^2_3/2g + 2v^2_4/2g + 2v^2_5/2g + 2v^2_n/2g$

Eliminando os termos em evidência:
$S_n = V^2/2g + v^2_2/g + v^2_3/g + v^2_4/g + v^2_5/g + v^2_n/g$

$S_n = (V^2/2 + v^2_2 + v^2_3 + v^2_4 + v^2_5 + v^2_n)/g$

56. Soma do Tempo Gasto

Em sucessivas colisões contra um anteparo horizontal fixo, a partir de uma altura de queda livre inicial (**H**), a somatória do tempo gasto por uma esfera em suas subidas e descidas até o repouso é analisada do seguinte modo:

No primeiro quicar, o tempo gasto pela esfera é expresso por: $t_1 = T$

No segundo quicar, o tempo gasto pela esfera é expresso por: $t_2 = T + 2t_2$

No terceiro quicar, o tempo gasto pela esfera é expresso por: $t_3 = T + 2t_2 + 2t_3$

No quarto quicar, o tempo gasto pela esfera é expresso por: $t_4 = T + 2t_2 + 2t_3 + 2t_4$

No quinto quicar, o tempo gasto pela esfera é expresso por: $t_5 = T + 2t_2 + 2t_3 + 2t_4 + 2t_5$

Porém, sabe-se que:

$$t_2 = T \cdot e$$
$$t_3 = t_2 \cdot e \quad \rightarrow \quad t_3 = T \cdot e^2$$
$$t_4 = t_3 \cdot e \quad \rightarrow \quad t_4 = T \cdot e^3$$
$$t_5 = t_4 \cdot e \quad \rightarrow \quad t_5 = T \cdot e^4$$

Substituindo as referidas expressões, obtém que:

$t_1 = T$
$t_2 = T + 2T \cdot e$
$t_3 = T + 2T \cdot e + 2T \cdot e^2$
$t_4 = T + 2T \cdot e + 2T \cdot e^2 + 2T \cdot e^3$
$t_5 = T + 2T \cdot e + 2T \cdot e^2 + 2T \cdot e^3 + 2T \cdot e^4$

Generalizando para qualquer termo pode-se escrever:

$t_5 = 2T \cdot [1/2 + e^1 + e^2 + e^3 + e^4]$
$t_n = 2T \cdot [1/2 + e^1 + e^2 + e^3 + ... + e^{n-1}]$
$t_n = 2T \cdot [1/2 + e^{n-4} + e^{n-3} + e^{n-2} + ... + e^{n-1}]$

Que é a equação para o soma do tempo consumido.

57. Fórmula do Tempo Decorrido

A progressão: $e^1 + e^2 + e^3 + ... + e^n$ representa a soma de uma progressão geométrica do tipo:

$$S_n = a^0{}_1 + a^1{}_2 + a^2{}_3 + ... + a^p{}_n = a_1 \cdot (q^n - 1)/(q - 1)$$

Porém, neste caso $(q = a)$, então se pode escrever que:

$$S_n = a^0{}_1 + a^1{}_2 + a^2{}_3 + ... + a^p{}_n = a_1 \cdot (a^n - 1)/(a - 1)$$

Como $(p = n - 1)$, ou seja, $(n = p + 1)$, conclui-se que:

$$S_n = a^0{}_1 + a^1{}_2 + a^2{}_3 + ... + a^p{}_n = a_1 \cdot (a^{p+1} - 1)/(a - 1)$$

Como $(a^0{}_1 = 1)$, pode-se escrever que:

$$S_n = a^0{}_1 + a^1{}_2 + a^2{}_3 + ... + a^p{}_n = (a^{p+1} - 1)/(a - 1)$$

Logo vem que:

$$S_n = a^0 + a^1 + a^2 + ... + a^p = (a^{p+1} - 1)/(a - 1)$$

Adaptando o referido resultado para a progressão, pode-se escrever que:

$$e^1 + e^2 + e^3 + ... + e^n = [e^{n+1} - 1/(e - 1)] - 1$$

Portanto, conclui-se que:

$$t_n = 2T \cdot [1/2 + \{[(e^{n+1} - 1)/(e - 1)] - 1\}$$

58. Tempo Gasto e Velocidade

Em sucessivas colisões contra um anteparo horizontal fixo, a partir de uma altura de queda livre inicial (**H**), a somatória do tempo gasto por uma esfera em suas subidas e descidas até o repouso é analisada do seguinte modo:

No primeiro quicar, o tempo gasto pela esfera é expresso por: $t_1 = T$

No segundo quicar, o tempo gasto pela esfera é expresso por: $t_2 = T + 2t_2$

No terceiro quicar, o tempo gasto pela esfera é expresso por: $t_3 = T + 2t_2 + 2t_3$

No quarto quicar, o tempo gasto pela esfera é expresso por: $t_4 = T + 2t_2 + 2t_3 + 2t_4$

No quinto quicar, o tempo gasto pela esfera é expresso por: $t_5 = T + 2t_2 + 2t_3 + 2t_4 + 2t_5$

No enésimo quicar o tempo gasto pela esfera é expresso por: $t_n = T + 2t_2 + 2t_3 + 2t_4 + 2t_5 ... 2t_n$

Sabe-se que a velocidade de um corpo em queda livra é o produto entre aceleração gravitacional pelo tempo de queda:

$v = g \cdot t$

Portanto, $t = v/g$

Substituindo convenientemente as expressões, vem que:

$t_n = V/g + 2v_2/g + 2v_3/g + 2v_4/g + 2v_5/g ... 2v_n/g$

Simplificando a referida expressão:

$t_n = (V + 2v_2 + 2v_3 + 2v_4 + 2v_5 ... 2v_n)/g$

$t_n = (V + 2/g \cdot (v_2 + v_3 + v_4 + v_5 ... v_n)$

OSCILAÇÃO

59. Definição de Oscilação

Uma esfera em queda livre, partindo do repouso de uma posição inicial, ao quicar contra uma superfície horizontal fixa e retornar à sua posição inicial acaba completando o seu primeiro ciclo, caracterizando uma oscilação. Nessa situação ocorreu uma colisão elástica. Assim, o coeficiente de restituição é caracterizado por: $e = 1$.

A colisão elástica ocorre quando, após a quicar contra a superfície, a esfera é restituída à sua altura inicial de queda livre. O sistema não perde sua energia cinética. A velocidade depois do impacto é igual àquela antes do impacto, já que se trata de uma colisão completamente elástica.

Numa colisão onde a energia que impulsiona uma oscilação se dissipa em função do impacto, caracteriza uma colisão semielástica. Nela o coeficiente de restituição $e > 0 < 1$.

A colisão semielástica ocorre quando, após a colisão contra a superfície, a esfera é restituída a uma altura menor do que a altura inicial de queda livre. O sistema perde parte de sua energia cinética. A velocidade depois do impacto é menor do que aquela antes do impacto, já que se trata de uma colisão parcialmente elástica.

No estudo da oscilação semielástica, deve-se levar em consideração as forças dissipativas na colisão, que ocasionam as perdas de energia em razão do aquecimento, da deformação, do som, até mesmo do atrito, da resistência do ar etc. Nessas condições a altura em cada oscilação vai gradativamente diminuindo até a esfera osciladora atingir o repouso.

As oscilações dissipativas são denominadas amortecidas. Ao fornecer energia à esfera osciladora, de modo a manter constante a altura de oscilação, fazendo-a oscilar com uma frequência diferente de sua frequência própria, as oscilações são denominadas forçadas.

60. Colisões Harmônicas

Colisão harmônica é a sucessão de colisões da mesma esfera contra um mesmo anteparo fixo, cuja esfera move-se num movimento de vai-e-vem, em torno de uma posição central. É característica desse sistema a amplitude constante e a frequência constante. Portanto, estamos diante de uma colisão elástica.

O movimento periódico é definido como sendo aquele que se repete em intervalos de tempo iguais. Numa colisão elástica, uma esfera descreve um movimento periódico sempre com a mesma trajetória. Então, afirma-se que ela possui um movimento oscilatório.

Por causa da presença constante de forças dissipativas, a esfera geralmente não oscila entre as suas posições limites fixas. Deste modo, com a passar do tempo e com a perda de energia cinética a esfera cessa seu movimento oscilatório.

O intervalo de tempo necessário para que o movimento complete uma oscilação é denominado período (**T**). A frequência do movimento (**f**) é o número de oscilações por unidade de tempo que ocorrem no movimento. A frequência, portanto, é o inverso do período:

$$f = 1/T$$

Ao quicar contra um anteparo fixo, uma esfera em queda livre apresenta movimento periódico. Em geral há um ponto em que não há força resultante atuando sobre ela. Esse ponto é denominado posição de equilíbrio. A distância de queda da esfera em relação à posição de equilíbrio é chamada deslocamento da esfera.

A posição de equilíbrio da esfera ocorre quando ela está em contato com a superfície horizontal fixa.

61. Período na Colisão I

Considere uma esfera em queda livre, a qual colide contra um anteparo horizontal fixo gastando um tempo (**t**). Sendo a colisão elástica, imediatamente após o impacto, a esfera gasta outro intervalo de tempo (**t**) para restituir-se à sua altura original. Assim, em sucessivas colisões da esfera, em seu quicar perfeitamente elástico, apresentará um período de tempo igual ao anterior.

O período é o intervalo de tempo para o fenômeno se repetir. Assim, o período é o intervalo de tempo para a esfera, abandonado de uma altura (**H**) retornar novamente a essa mesma altura (**H**).

Sabe-se que a altura percorrida por uma esfera a partir do repouso até o momento da colisão é expressa por:

H = g . t²/2

Onde (**H**) representa a altura, (**g**) a aceleração da gravidade e (**t**) o tempo de queda.

Numa oscilação completa a esfera entra em queda livre, colide elasticamente contra a superfície fixa e retorna à sua altura original. Portanto, o espaço percorrido é o dobro e a duração de tempo também é dobrada. Assim, pode-se escrever que:

2H = 2g . t²/2

Eliminando os termos em evidência, resulta que:

2H = g . t²

Portanto o período (**T**) de oscilação de uma esfera em seu "vai-e-vem" é expresso do seguinte modo:

T² = 2H/g

Então o período de uma esfera que colide contra um anteparo fixo pode ser expresso por:

T = √2H/g

62. Período na Colisão II

Uma esfera é suspensa a uma determinada altura, afastada da posição de equilíbrio sobre a superfície horizontal plana. Ao ser abandonada em queda livre quica contra a superfície horizontal fixa e retorna à altura original, passando a oscilar, num Movimento Harmônico Simples, onde a força envolvida e restauradora e linear.

No Movimento Harmônico Simples (MHS), a força envolvida é restauradora do tipo:

$F = - k \cdot x$

Onde (**k**) representa uma constante de dimensão. Sendo que no Sistema Internacional de Unidades é expressa em N/m.

O período (**T**) para toda força restauradora deste tipo será expressa por:

$T = \sqrt{(m/k)}$

Onde a letra (**m**) representa a massa do corpo que esta em Movimento Harmônico Simples.

Para um sistema massa-mola, (**k**) é a própria constante elástica da mola.

Para a esfera quicando contra uma superfície:

$k = m \cdot g/2H$

Onde a letra (**g**) representa a aceleração da gravidade e a letra (**H**) representa a altura inicial de queda livre.

Deste modo, para o caso da esfera quicando contra uma superfície o período (**T**) será expresso por:

$T = \sqrt{(m/k)} = \sqrt{(m/m \cdot g/2H)}$

Logo resulta que:

$$T = \sqrt{(2H/g)}$$

Note que (**T**) depende a amplitude (**H**) de oscilação.

63. Amplitude na Colisão

Considere uma esfera e um plano horizontal fixo em equilíbrio. Em seguida, eleva-se a esfera a uma altura (**H**), cedendo-lhe energia potencial. Após, abandona-se a esfera, deixando-a em queda livre. Nessas condições, ela converterá sua energia potencial em energia cinética e quicará elasticamente contra o plano horizontal fixo. Logo em seguida, a esfera emerge do impacto com sua energia cinética original de colisão e ascenderá à sua altura inicial, convertendo toda sua energia cinética em energia potencial. O fenômeno torna-se a repetir. Isso indica que a esfera entrou num estado de oscilação, subindo e descendo em relação à posição de equilíbrio.

Diante do exposto fica claro que a amplitude do movimento oscilatório da esfera em seu constante quicar contra um anteparo fixo, nada mais é do que a altura inicial (**H**). Portanto, a amplitude do movimento oscilatório da esfera pode ser expressa pela seguinte igualdade:

$$H = g \cdot t^2/2$$

Nessa expressão a amplitude (**H**) varia em função do tempo (**t**) de queda livre sob a ação da aceleração gravitacional (**g**). Porém, é interessante observar que existem muitos fenômenos nos quais a amplitude (**H**) varia em função da velocidade (**V**). Portanto, pela equação de Torricelli, pode-se expressar que:

$$H = V^2/2g$$

64. Energia do MHS

Quando uma esfera quica contra uma superfície horizontal fixa numa colisão elástica, ocorre conservação da energia mecânica. Nessa situação a energia potencial gravitacional se converte em energia cinética e após quicar a energia cinética converte-se em energia potencial, sendo que a posição de equilíbrio é exatamente o ponto mais baixo do sistema, ou seja, a superfície de contato.

A energia mecânica pode ser decomposta em duas partes:

1ª. Energia Cinética (**E**), associada à velocidade (**V**) do ponto material, dada pela expressão: **E = m . V²/2**

2ª. Energia Potencial (**W**), associada à posição (**H**) da esfera em queda livre, dada pela expressão: **W = m . g . H**

A soma dessas duas energias é a energia total mecânica (**M**), expressa por: **M = E + W**

Sendo a esfera abandonada de uma altura (**H**), a sua energia potencial gravitacional é máxima e sua energia cinética é nula. À medida que a esfera está em queda livre, a energia potencial converte-se em energia cinética, que será máxima quando a esfera atingir a superfície horizontal plana, porém, a energia potencial será nula. Após quicar, o processo se inverte e a esfera é lançada para alcançar a altura (**H**) original, onde a energia potencial será máxima e a cinética nula. Então o fenômeno torna a repetir-se sucessivamente, ocasionando a oscilação.

No Movimento Harmônico Simples, a energia cinética e a energia potencial variam, pois variam a velocidade (**V**) e a posição (**H**) da esfera em queda livre. Todavia, a soma da energia do sistema em todos os pontos do movimento permanece sempre constante, haja vista que a energia não é dissipada.

65. Oscilações Amortecidas

No mundo natural, as oscilações são amortecidas. Desse modo, a amplitude de uma esfera em queda livre que quica contra uma superfície horizontal fixa não permanece constante. Assim, a referida amplitude diminui gradativamente em sucessivos quicar com o passar do tempo. Esse fenômeno obedece a uma "lei exponencial" descrita pela equação:

$$A_n(t) = A \cdot e^{-\alpha t}$$

Nessa expressão (α) é chamado por constante de amortecimento e tem relação com a dissipação de energia pelo sistema, podendo ser determinado usando os pontos extremos do gráfico-evolução temporal da oscilação, conforme o seguinte esquema:

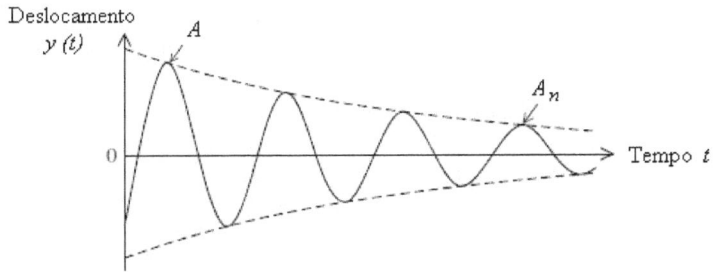

As oscilações da esfera em seus sucessivos quicar são gradualmente atenuadas. Essa atenuação é consequência da perda de energia pelo sistema no momento do impacto. Nessas condições as oscilações são chamadas de amortecidas.

O amortecimento que ocorre com o passar do tempo em sucessivos quicar da esfera conta a mesma superfície. Esse fenômeno ocasiona uma continua e uniforme diminuição da amplitude, diminuindo gradativamente o movimento.

DEFORMAÇÕES

66. Deformações Elásticas

Por associação, podemos extrapolar os resultados obtidos no estudo das colisões mecânicas para o movimento das oscilações elásticas. Assim, todas as considerações que foram realizadas para a esfera quicando contra uma superfície horizontal fixa podem ser aplicadas às deformações elásticas.

Considere um corpo de massa (m) preso na extremidade de uma mola. Inicialmente, o conjunto corpo-mola está em equilíbrio. Então, alonga-se a mola, cedendo energia potencial ao sistema, para em seguida abandonar o corpo, o qual **oscila de cada lado de sua posição de equilíbrio**, transformando a energia potencial em energia cinética. Dependendo da natureza da mola podem ocorrer os seguintes fenômenos:

1º. O corpo preso à mola é solto a partir de sua posição de máxima deformação distendida (X). Ele comprime a mola e retoma a sua deformação inicial ($X = x_2$).

2º. O corpo preso à mola é solto a partir de sua posição de máxima deformação distendida (X). Ele comprime a mola e assume uma deformação distendida inferior à deformação anterior ($X > x_2$).

3º. O corpo preso à mola é solto a partir de sua posição de máxima deformação distendida (X), mas ele não se restaura ($x_2 = 0$).

Ao soltar o corpo preso à mola ele passa pela sua posição de equilíbrio com uma "velocidade de aproximação" (V) e comprime a mola. Logo em seguida, o corpo retorna e passa pela sua posição de equilíbrio, afastando-se com uma "velocidade de afastamento" (v).

Nas deformações elásticas ocorrem perdas energéticas em razão do aquecimento, do atrito e da resistência do ar. Num sistema isolado nunca ocorrerá um ganho de energia que possa deformar a mola além de uma distensão inicial.

67. Coeficiente de Restauração

A deformação elástica será sempre avaliada pela distensão sofrida pela mola a partir de sua posição de equilíbrio.

O coeficiente de restauração (i) de uma deformação elástica é determinado pela razão entre a deformação de alongamento posterior (x_2) pela deformação de alongamento anterior (X).

O referido enunciado é expresso do seguinte modo:
$$i = x_2/X$$
Como não existe ganho de energia, o módulo da deformação posterior que restaura o alongamento será sempre menor ou no máximo, igual ao módulo da deformação anterior.

Portanto, considerando que a deformação posterior apresente módulo menor ou igual ao módulo da deformação posterior, a razão matemática entre elas determina o coeficiente de restauração que está compreendido entre zero e um.

Deformação elástica (i = 1). Ocorre quando a deformação posterior restitui integralmente a deformação anterior. O sistema não perde energia. A deformação posterior é igual à anterior, já que se trata de uma deformação perfeitamente elástica.

Deformação semielástica (i > 0 < 1). Ocorre quando a deformação posterior é restituída a uma deformação menor do que a deformação anterior. O sistema perde parte de sua energia. A deformação posterior é menor do que a anterior, já que se trata de uma deformação parcialmente elástica.

Deformação inelástica (i = 0). Ocorre quando a deformação posterior não é restituída. O sistema perde totalmente sua energia. A deformação depois da deformação inicial é nula, já que se trata de uma colisão inelástica.

68. Coeficiente e Força Elástica

Considere uma mola com um corpo preso em sua extremidade. Distendida, a partir de sua posição de equilíbrio, a mola sofre uma deformação inicial (**X**), e ao ser liberada oscila de cada lado de sua posição de equilíbrio. Porém, em cada oscilação o corpo restaura-se com uma nova deformação (**x**), avaliada sempre a partir de sua posição de equilíbrio.

Caso a deformação fosse perfeitamente elástica, a mola apresentaria a mesma força elástica.

O célebre físico inglês Roberto Hooke (1635-1703) descobriu que a força elástica de tração é proporcional à deformação elástica. O referido enunciado é expresso pela seguinte equação:

$F = k \cdot X$

Após ser liberada com uma força elástica (**F**), a mola oscila e restaura a força elástica (F_2), expressa pela seguinte equação:

$F_2 = k \cdot x_2$

A definição do coeficiente de restauração permite escrever que:

$i = x_2/X$

Substituindo convenientemente as três últimas expressões, obtém-se que:

$i = x_2/X = F_2/k \, / \, F/k$

Eliminando os termos em evidência resulta que:

$$i = F_2/F$$

69. Coeficiente e Energia Potencial

Distendida, a partir de sua posição de equilíbrio, uma mola sofre uma deformação, recebendo uma energia potencial (W). Ao ser liberada oscila de cada lado de sua posição de equilíbrio. Porém, em cada oscilação a mola é restaurada em sua distensão com uma nova energia potencial (w).

A energia potencial da mola é expressa pela seguinte relação matemática:
$$W = k \cdot X^2/2$$

Após ser liberada com uma energia potencial elástica (W), a mola oscila e restaura a energia potencial elástica (w_2), expressa pela seguinte equação:
$$w_2 = k \cdot x_2^2/2$$

A definição do coeficiente de restauração permite escrever que:
$$i = x_2/X$$

Substituindo convenientemente as três últimas expressões, obtém-se que:
$$i = x_2/X = \sqrt{2w_2/k} \,/\, \sqrt{2W/k}$$

Eliminando os termos em evidência resulta que:
$$i = \sqrt{w_2/W}$$

Ou seja:
$$i^2 = w_2/W$$

70. Dissipação e Restituição

Considere uma mola com um corpo preso em sua extremidade submetida a uma deformação de distensão. Ao ser liberada, oscila em torno de sua posição de equilíbrio, e retoma sua distensão. Sua energia potencial inicial antes de ser liberada é parcialmente dissipada e parcialmente restituída.

A energia potencial elástica é dissipada em razão do aquecimento, da deformação, resistência e atrito.

Sendo (**W**) a energia potencial elástica inicial de estiramento, (w_A) a parcela dissipada e (w_2) a parcela restituída, de forma que:

$W = w_A + w_2$

Para avaliar que proporção de energia sofre os fenômenos de dissipação e restituição na deformação elástica, definem-se as seguintes grandezas adimensionais:

Dissipação: $d = w_A/W$
Restituição: $r = w_2/W$

Somando as duas grandezas, obtém-se que:
$d + r = (w_A/W) + (w_2/W) = (w_A + w_2)/W = W/W = 1$

Portanto: $d + r = 1$

Quando não ocorre dissipação (d = 0) a deformação é denominada elástica. Nesse caso tem-se que (r = 1). O coeficiente de restauração é o seguinte: i = 1

Quando não ocorre restituição (r = 0) a deformação é denominada inelástica. Nesse caso tem-se que (d = 1).

O coeficiente de restauração é o seguinte: i = 0

Na colisão semielástica (d) e (r) sofrem variações equilibradas.

71. Perda e Retorno de Alongamento

Considere uma mola com um corpo preso em sua extremidade, deformado num alongamento (**X**). Ao ser liberado, o sistema oscila em torno de sua posição de equilíbrio e restaura o alongamento numa nova deformação (x_2), porém inferior à deformação de alongamento original.

Essa perda de deformação por distensão é devido à dissipação interna da energia mecânica.

Sendo (**X**) a deformação alongada original, (x_2) a deformação alongada de retorno e (**a**) a deformação perdida, de modo que:

$X = x_2 + a$

Para avaliar que proporção de deformação alongada sofre os fenômenos de perda de alongamento e retorno de alongamento, definem-se as seguintes grandezas adimensionais:

Perda: $Z = a/X$
Retorno: $R = x_2/X$

Somando as duas grandezas, obtém-se que:
$Z + R = (a/X) + (x_2/X) = (a + x_2)/X = X/X = 1$
Portanto: $Z + R = 1$

Quando não ocorre perda de deformação por alongamento ($Z = 0$) a deformação é denominada elástica. Nesse caso tem-se que ($R = 1$).

Quando não ocorre o retorno do alongamento ($R = 0$) a deformação é denominada inelástica. Nesse caso tem-se que ($Z = 1$).

72. Desvanecimento e Revigoramento

Considere uma mola com um corpo preso em sua extremidade submetida a uma deformação por distensão. Ao ser liberada, oscila em torno de sua posição de equilíbrio, e retoma parcialmente sua distensão. Sua força elástica inicial antes de ser liberada é parcialmente desvanecida e parcialmente revigorada.

A força elástica é desvanecida em razão do aquecimento, da deformação, resistência e atrito.

Sendo (**F**) a força elástica inicial de estiramento, (**F_A**) a parcela desvanecida e (**F_2**) a parcela revigorada, de forma que:

$F = F_A + F_2$

Para avaliar que proporção de força elástica sofre os fenômenos de desvanecimento e revigoramento na deformação elástica, definem-se as seguintes grandezas adimensionais:

Desvanecimento: $s = F_A/F$
Revigoramento: $j = F_2/R$
Somando as duas grandezas, obtém-se que:
$s + j = (F_A/F) + (F_2/F) = (F_A + F_2)/F = F/F = 1$
Portanto:

$$s + j = 1$$

Quando não ocorre desvanecimento ($s = 0$) a deformação é denominada elástica. Nesse caso tem-se a seguinte verdade: ($j = 1$). O coeficiente de restauração é o seguinte: $i = 1$

Quando não ocorre revigoramento ($j = 0$) a deformação é denominada inelástica. Nesse caso tem-se que ($s = 1$).

O coeficiente de restauração é o seguinte: $i = 0$

Na colisão semielástica (s) e (j) sofrem variações equilibradas.

73. Relações

Quando uma mola com um corpo preso em sua extremidade sofre uma deformação por distensão, sua energia potencial elástica inicial, após uma oscilação, é restituída apenas parcialmente.

A grandeza adimensional chamada por restituição (r) é expressa pela seguinte relação: $r = w_2/W$. O coeficiente de restauração (i) é expresso pela seguinte relação: $i^2 = w_2/W$.

Igualando convenientemente as duas últimas expressões, resulta que:

$$r = i^2, \text{ ou seja: } i = \sqrt{r}$$

2. Quando uma mola com um corpo preso em sua extremidade sofre uma deformação por distensão, sua energia potencial elástica inicial, após uma oscilação, retoma apenas parte do alongamento inicial.

A grandeza adimensional chamada por retorno (R) é expressa pela seguinte relação: $R = x_2/X$. O coeficiente de restauração (i) é expresso pela seguinte relação: $i = x_2/X$.

Igualando convenientemente as duas últimas expressões, resulta que:

$$R = i$$

3. Quando uma mola com um corpo preso em sua extremidade sofre uma deformação por distensão, sua força elástica inicial, após uma oscilação, retoma apenas parte dessa força inicial.

A grandeza adimensional chamada por revigoramento (s) é expressa pela seguinte relação: $s = F_2/F$. O coeficiente de restauração (i) é expresso pela seguinte relação: $i = F_2/F$.

Igualando convenientemente as duas expressões, resulta:

$$i = R = s = \sqrt{r}$$

74. Conceito de Alongamento Perdido

Uma mola com um corpo preso em sua extremidade é deformada por distensão (**X**), a partir de sua posição de equilíbrio. Ao ser liberada contrai-se, passa pela sua posição de equilíbrio, comprime-se e retorna tornando a passar pela sua posição de equilíbrio até alcançar um novo alongamento (x_2), porém, inferior ao alongamento inicial (**X**).

Imediatamente o sistema mola-peso, volta a contrair-se, passando pela sua posição de equilíbrio e comprimindo-se, para em seguida retornar pela sua posição de equilíbrio até adquirir um novo alongamento (x_3), porém, inferior ao alongamento (x_2). Esse fenômeno repete-se sucessivamente até a mola repousar em sua posição de equilíbrio.

Em cada sucessão da oscilação, a diferença entre o alongamento antecessor (**X**) pelo alongamento sucessor (x_2) representa o alongamento perdido (a_1) em cada oscilação.

$$a_1 = X - x_2$$
$$a_2 = x_2 - x_3$$
$$a_3 = x_3 - x_4$$

A soma de cada parcela dos alongamentos perdidos em cada oscilação até o repouso da mola caracteriza o alongamento inicial (**X**).

$$X = a_1 + a_2 + a_3 + \ldots + a_n$$

Caso a mola ainda não tenha entrado em repouso, então o alongamento inicial (**X**) será caracterizado pelas somas dos alongamentos parciais perdidos em cada oscilação com a adição do alongamento máximo alcançado pela mola após a sua última oscilação.

$$X = a_1 + a_2 + a_3 + \ldots + a_n + x_n$$

75. Equação do Alongamento Perdido

Foi demonstrado que a soma de cada um dos alongamentos perdidos em cada oscilação até o momento do repouso da mola em sua posição de equilíbrio é caracteriza por:

$$a_1 + a_2 + a_3 + \ldots + a_n$$

Nessa sucessão de oscilação, a diferença entre o alongamento antecessor (X) pelo alongamento sucessor (x_2) representa o alongamento perdido (a_1) após cada oscilação.

$$a_1 = X - x_2$$
$$a_2 = x_2 - x_3$$
$$a_3 = x_3 - x_4$$

Como: $i = x/X$

Então, substituindo as expressões pode-se escrever que:

$$a_1 = X - x_2 = X - i \cdot X = X \cdot (1 - i)$$
$$a_2 = x_2 - x_3 = x_2 - i \cdot x_2 = x_2 \cdot (1 - i)$$
$$a_3 = x_3 - x_4 = x_3 - i \cdot x_3 = x_3 \cdot (1 - i)$$

Portanto, pode-se escrever que:
$$a_1 + a_2 + a_3 + \ldots + a_n = X \cdot (1 - i) + x_2 \cdot (1 - i) + x_3 \cdot (1 - i) + x_n \cdot (1 - i^2)$$

Portanto, resulta que:

$$a_1 + a_2 + a_3 + \ldots + a_n = (1 - i) \cdot (X + x_2 + x_3 + x_n)$$

76. Energia Potencial Dissipada

Uma mola com um corpo preso em sua extremidade sofre uma deformação por alongamento, recebendo uma energia potencial (W). Ao ser liberada entra num processo de oscilação. Ao retornar para seu estado inicial de alongamento, passa a apresentar uma energia potencial elástica (w_2), inferior à energia potencial original (W).

Em seguida a mola contrai-se livremente, energizada com a energia potencial (w_2). No processo de oscilação ela retorna ao seu estado de alongamento com uma energia potencial elástica (w_3), inferior à energia potencial elástica (w_2). Esse fenômeno repete-se sucessivamente até a mola entrar em repouso em sua posição de equilíbrio.

Nessa sucessão oscilatória, a diferença entre a energia potencial anterior (W) pela energia potencial posterior (w_2) representa a energia dissipada na colisão (r_1).

$$r_1 = W - w_2$$
$$r_2 = w_2 - w_3$$
$$r_3 = w_3 - w_4$$

A soma de cada uma das parcelas de energia potencial elástica dissipada em cada oscilação até o momento do repouso da mola caracteriza a energia potencial inicial (W).

$$W = r_1 + r_2 + r_3 + ... + r_n$$

Caso a mola ainda não tenha entrado em repouso, então a energia potencial elástica inicial (W) será caracterizada pelas somas das energias dissipadas em cada oscilação, com a adição da energia potencial elástica adquirida pela mola após a sua última oscilação.

$$W = r_1 + r_2 + r_3 + ... + r_n + w_n$$

77. Equação da Energia Consumida

Foi demonstrado que a soma de cada uma das energias potenciais consumidas em cada oscilação até o momento do repouso da mola em sua posição de equilíbrio é caracteriza por:

$$r_1 + r_2 + r_3 + ... + r_n$$

Nessa sucessão de oscilação, a diferença entre a energia potencial antecessora (**W**) pela energia potencial elástica sucessora (**w₂**) representa a energia potencial consumida (**r₁**) após cada oscilação.

$$r_1 = W - w_2$$
$$r_2 = w_2 - w_3$$
$$r_3 = w_3 - w_4$$

Como: $i^2 = w_2/W$

Então, substituindo as expressões pode-se escrever que:

$$r_1 = W - x_2 = W - i^2 . W = W . (1 - i^2)$$
$$r_2 = w_2 - w_3 = w_2 - i^2 . w_2 = w_2 . (1 - i^2)$$
$$r_3 = w_3 - w_4 = w_3 - i^2 . w_3 = w_3 . (1 - i^2)$$

Portanto, pode-se escrever que:

$$r_1 + r_2 + r_3 + ... + r_n = W . (1 - i^2) + w_2 . (1 - i^2) + w_3 . (1 - i^2) + w_n . (1 - i^2)$$

Portanto, resulta que:

$$r_1 + r_2 + r_3 + ... + r_n = (1 - i^2) . (W + w_2 + w_3 + w_n)$$

78. Força Elástica Perdida

Uma mola com um corpo preso em sua extremidade sofre uma deformação por alongamento, recebendo uma força elástica (**F**). Ao ser liberada entra num processo de oscilação. Ao retornar para seu estado original de alongamento, passa a apresentar uma força elástica (F_2), inferior à força elástica inicial (**F**).

Em seguida a mola contrai-se livremente com a força elástica (F_2). No processo de oscilação ela retorna ao seu estado de alongamento com uma força elástica (F_3), inferior à força elástica (F_2). Esse fenômeno repete-se sucessivamente até a mola entrar em repouso em sua posição de equilíbrio.

Nessa sucessão oscilatória, a diferença entre a força elástica anterior (**F**) pela força elástica posterior (F_2), representa a força perdida em cada ciclo (b_1).

$b_1 = F - F_2$
$b_2 = F_2 - F_3$
$b_3 = F_3 - F_4$

A soma de cada uma das parcelas de força elástica perdida em cada ciclo até o momento do repouso da mola em sua posição de equilíbrio caracteriza a força elástica inicial (**F**).

$$W = b_1 + b_2 + b_3 + ... + b_n$$

Caso a mola ainda não tenha entrado em repouso, então a força elástica inicial (**F**) será caracterizada pelas somas das forças dissipadas em cada oscilação, com a adição da força elástica adquirida pela mola após a sua última oscilação.

$$F = b_1 + b_2 + b_3 + ... + b_n + F_n$$

79. Equação da Força Elástica Perdida

Foi demonstrado que a soma de cada uma das forças perdidas em cada ciclo até o momento do repouso da mola em sua posição de equilíbrio é caracteriza por:

$$b_1 + b_2 + b_3 + ... + b_n$$

Nessa sucessão de oscilação, a diferença entre a força elástica antecessora (F) pela força elástica sucessora (F_2) representa a força elástica perdida (b_1) após cada ciclo.

$$b_1 = F - F_2$$
$$b_2 = F_2 - F_3$$
$$b_3 = F_3 - F_4$$

Como: $i = F_2/F$
Então, substituindo as expressões pode-se escrever que:

$$b_1 = F - x_2 = F - i \cdot F = F \cdot (1 - i)$$
$$b_2 = F_2 - F_3 = F_2 - i \cdot F_2 = F_2 \cdot (1 - i)$$
$$b_3 = F_3 - F_4 = F_3 - i \cdot F_3 = F_3 \cdot (1 - i)$$

Portanto, pode-se escrever que:

$$b_1 + b_2 + b_3 + ... + b_n = F \cdot (1-i) + F_2 \cdot (1-i) + F_3 \cdot (1-i) + F_n \cdot (1-i)$$

Portanto, resulta que:

$$b_1 + b_2 + b_3 + ... + b_n = (1-i) \cdot (F + F_2 + F_3 + F_n)$$

80. Equação Geral: Deformação por Alongamento

Chama-se progressão geométrica uma sucessão de números, cujo quociente entre cada um deles, a partir do segundo pelo seu antecessor é sempre o mesmo. Essa relação constante é designada por razão de progressão geométrica.

Em harmonia com essa definição, as sucessivas oscilações de uma mola através de sua posição de equilíbrio, alcança em cada oscilação uma deformação por alongamento inferior à anterior numa progressão geométrica (X, x_2, x_3, x_4, x_5,..., x_n). Partindo da definição de que $i = x/X$, tem-se em sucessivas oscilações que:

$$x_2/X = x_3/x_2 = x_4/x_3 = x_5/x_4 = \ldots = x_n/x_{n-1} = i$$

Como a sequencia (X, x_2, x_3, x_4, x_5,..., x_n) é uma progressão geométrica de razão (i), então, pode-se escrever que:

$$\begin{aligned} & & & x_2 = X \cdot i \\ x_3 &= x_2 \cdot i & \rightarrow & \quad x_3 = X \cdot i^2 \\ x_4 &= x_3 \cdot i & \rightarrow & \quad x_4 = X \cdot i^3 \\ x_5 &= x_4 \cdot i & \rightarrow & \quad x_5 = X \cdot i^4 \end{aligned}$$

Generalizando a qualquer deformação alongada alcançada pela mola, tem-se que:

$$x_n = X \cdot i^{(n-1)}$$

Tal expressão é a equação geral para o cálculo de qualquer deformação por alongamento adquirido pela mola em sucessivos ciclos.

81. Equação Geral: Energia Potencial Elástica

Uma mola com um corpo preso em sua extremidade é estirada com uma energia potencial (**W**). Em seguida é liberada para oscilar livremente em através de sua posição de equilíbrio. Em sua oscilação a mola completa um ciclo deformando-se num alongamento com uma nova energia potencial (**w$_2$**). Assim, em sucessivas oscilações da mola, a cada ciclo alcançará uma energia potencial inferior à anterior numa progressão geométrica (W, w$_2$, w$_3$, w$_4$, w$_5$,..., w$_n$). Partindo da definição de que $i^2 = w/W$, tem-se em sucessivos ciclos que:

$$w_2/W = w_3/w_2 = w_4/w_3 = w_5/w_4 = ... = w_n/w_{n-1} = i^2$$

Como a sequência (W, w$_2$, w$_3$, w$_4$, w$_5$,..., w$_n$) é uma progressão geométrica de razão (i^2), então, pode-se escrever que:

$$w_2 = W \cdot i^2$$
$$w_3 = w_2 \cdot i^2 \quad \rightarrow \quad w_3 = W \cdot (i^2)^2$$
$$w_4 = w_3 \cdot i^2 \quad \rightarrow \quad w_4 = W \cdot (i^2)^3$$
$$w_5 = w_4 \cdot i^2 \quad \rightarrow \quad w_5 = W \cdot (i^2)^4$$

Generalizando a qualquer energia potencial adquirida pela esfera, tem-se que:

$$w_n = W \cdot (i^2)^{(n-1)}$$
$$w_n = W \cdot i^{2(n-1)}$$

Tal expressão é a equação geral para o cálculo de qualquer energia potencial adquirida pela mola em sucessivos ciclos.

82. Equação Geral: Força Elástica

Uma mola com um corpo preso na sua extremidade é alongada com uma força (**F**). Em seguida é liberada para oscilar livremente em através de sua posição de equilíbrio. Em sua oscilação a mola completa um ciclo alongando-se com uma nova força elástica (F_2). Assim, em sucessivas oscilações da mola, a cada ciclo alcançará uma força elástica inferior à anterior numa progressão geométrica (F, F_2, F_3, F_4, F_5,..., F_n). Partindo da definição de que $i = F_2/F$, tem-se em sucessivos ciclos que:

$$F_2/F = F_3/F_2 = F_4/F_3 = F_5/F_4 = ... = F_n/F_{n-1} = i$$

Como a sequencia (F, F_2, F_3, F_4, F_5,..., F_n) é uma progressão geométrica de razão (i), então, pode-se escrever que:

$$F_2 = F \cdot i$$
$$F_3 = F_2 \cdot i \quad \rightarrow \quad F_3 = F \cdot i^2$$
$$F_4 = F_3 \cdot i \quad \rightarrow \quad F_4 = F \cdot i^3$$
$$F_5 = F_4 \cdot i \quad \rightarrow \quad F_5 = F \cdot i^4$$

Generalizando a qualquer deformação alongada alcançada pela mola, tem-se que:

$$F_n = F \cdot i^{(n-1)}$$

Tal expressão é a equação geral para o cálculo de qualquer força elástica adquirida pela mola em sucessivos ciclos.

83. Perda de Alongamento

Uma mola com um corpo preso em sua extremidade é deformada num alongamento inicial (X). Ao ser liberada passa a oscilar em torno de sua posição de equilíbrio. A cada ciclo a mola restaura parte do seu alongamento, alcançando uma nova deformação (x_2), inferior ao alongamento inicial (X). Em seguida a mola repete o seu ciclo oscilatório partindo do alongamento (x_2). Ao completar o novo ciclo, ela retoma parte de seu alongamento, apresentando uma deformação (x_3), inferior ao alongamento anterior (x_2).

Nessa sucessão, a diferença entre a deformação alongada anterior pela deformação alongada posterior, representa o alongamento perdido (a_1) após cada ciclo.

$a_1 = X - x_2$
$a_2 = x_2 - x_3$
$a_3 = x_3 - x_4$

Como foi demonstrado:
$x_2 = X \cdot i$
$x_3 = x_2 \cdot i$
$x_4 = x_3 \cdot i$

Portanto, pode-se escrever que a seguinte verdade:
$a_1 = X - x_2 = X - X \cdot i = X \cdot (1 - i)$
$a_2 = x_2 - x_3 = x_2 - x_2 \cdot i = x_2 \cdot (1 - i)$
$a_3 = x_3 - x_4 = x_3 - x_3 \cdot i = x_3 \cdot (1 - i)$

Dividindo a_2 por a_1, obtém-se que:
$a_2/a_1 = x_2 \cdot (1 - i)/X \cdot (1 - i)$

Eliminando os termos em evidência, resulta:
$$a_2/a_1 = x_2/X$$

Ora, (x_2/X) é o resultado que define o coeficiente de restauração (i) em relação ao alongamento elástico, logo:
$$i = a_2/a_1$$

84. Equação Geral: Perda de Alongamento

Uma mola com um corpo preso em sua extremidade oscila livremente em torno de sua posição de equilíbrio com uma deformação semielástica. A cada ciclo ela se distende ao máximo e torna a realizar um novo ciclo. Porém, a cada ciclo, a mola perde parte de seu alongamento anterior. Esse fenômeno gera uma sucessão de ciclos, cujo quociente entre cada um dos alongamentos perdidos, a partir do segundo pelo seu antecessor é sempre o mesmo. Em matemática essa relação constante é designada por razão de progressão geométrica.

De acordo com essa definição, os sucessivos ciclos de uma mola em torno de sua posição de equilíbrio levam à perda de alongamento a cada ciclo, numa progressão geométrica (a_1, a_2, a_3, a_4, a_5,..., a_n). Partindo da definição de que $i = a_2/a_1$, tem-se em sucessivos ciclos a seguinte igualdade:

$$a_2/a_1 = a_3/a_2 = a_4/a_3 = a_5/a_4 = ... = a_n/a_{n-1} = i$$

Como a sequencia (a_1, a_2, a_3, a_4, a_5,..., a_n) é uma progressão geométrica de razão (i), então, pode-se escrever que:

$$a_2 = a_1 \cdot i$$
$$a_3 = a_2 \cdot i \quad \rightarrow \quad a_3 = a_1 \cdot i^2$$
$$a_4 = a_3 \cdot i \quad \rightarrow \quad a_4 = a_1 \cdot i^3$$
$$a_5 = a_4 \cdot i \quad \rightarrow \quad a_5 = a_1 \cdot i^4$$

Generalizando para qualquer alongamento elástico perdido pela mola, tem-se que:

$$a_n = a_1 \cdot i^{(n-1)}$$

Essa expressão é a equação geral para o cálculo de qualquer alongamento elástico perdido pela mola em sucessivos ciclos.

85. Alongamento Perdido em Função do Alongamento Inicial

Considere uma mola oscilando em torno de sua posição de equilíbrio, tendo partido de um alongamento elástico inicial (**X**). Ao completar o primeiro ciclo restitui-se num alongamento elástico (**x**), inferior ao alongamento anterior (**x** < **X**). Essa perda de alongamento resulta da dissipação energética interna do sistema.

Sendo (**X**) o alongamento original, (**x**) o alongamento restaurado pelo sistema e (**a**) o alongamento perdido, pode-se escrever que:
$$a = X - x$$

Para o cálculo do alongamento elástico perdido num ciclo sucessivo qualquer, tem-se o seguinte:
$$a_n = X - x_n$$

Demonstrei que a equação geral para o cálculo de qualquer alongamento elástico readquirido pela mola em sucessivos ciclos é expressa por:
$$x_n = X \cdot i^{(n-1)}$$

Substituindo convenientemente as duas últimas expressões, resulta que:
$$a_n = X - X \cdot i^{(n-1)}$$

$$a_n = X \cdot (1 - i^{(n-1)})$$

Essa é a expressão que permite calcular o alongamento perdido em função da altura inicial.

86. Perda de Energia Potencial

Uma mola com um corpo preso em sua extremidade oscila livremente em torno de sua posição de equilíbrio com uma energia potencial inicial (**W**). Após o primeiro ciclo, ela retorna com uma energia potencial elástica (w_2), inferior à energia potencial anterior (**W**). Em seguida a mola torna a oscilar livremente em função da energia potencial elástica (w_2). Ao completar o novo ciclo, ela retorna a uma distensão elástica com uma nova energia potencial elástica (w_3), inferior à energia potencial (w_2).

Nessa sucessão, a diferença entre a energia potencial elástica anterior pela energia potencial elástica posterior, representa a energia potencial elástica dissipada (r_1) nos ciclos.

$r_1 = W - w_2$
$r_2 = w_2 - w_3$
$r_3 = w_3 - w_4$

Como foi demonstrado:
$w_2 = W \cdot i^2$
$w_3 = w_2 \cdot i^2$
$w_4 = w_3 \cdot i^2$

Portanto, pode-se escrever que a seguinte verdade:
$r_1 = W - w_2 = W - W \cdot i^2 = W \cdot (1 - i^2)$
$r_2 = w_2 - w_3 = w_2 - w_2 \cdot i^2 = w_2 \cdot (1 - i^2)$
$r_3 = w_3 - w_4 = w_3 - w_3 \cdot i^2 = w_3 \cdot (1 - i^2)$

Dividindo r_2 por r_1, obtém-se que:
$r_2/r_1 = w_2 \cdot (1 - i^2)/W \cdot (1 - i^2)$

Eliminando os termos em evidência, resulta:
$$r_2/r_1 = w_2/W$$

Ora, (w_2/W) é o resultado que define o coeficiente de restauração (i^2) em relação à energia potencial elástica, logo:
$$i^2 = r_2/r_1$$

87. Equação Geral: Energia Potencial Perdida

Ao concluir um ciclo de deformação semielástico, uma mola retorna simplesmente para aproximadamente tornar a repetir o ciclo de deformações elásticas. A cada ciclo a mola perde parte de sua energia potencial elástica anterior. As oscilações da mola gera uma sucessão de ciclos, cujo quociente entre cada uma das energias potenciais elásticas perdidas, a partir da posterior pela antecessora é sempre o mesmo. Em matemática essa relação constante é chamada por razão de progressão geométrica.

De acordo com essa definição, os sucessivos ciclos de uma mola oscilando em torno de sua posição de equilíbrio levam à perda de energia potencial elástica após cada ciclo, numa progressão geométrica (r_1, r_2, r_3, r_4, r_5,..., r_n). Partindo da definição de que $i^2 = r_2/r_1$, tem-se em sucessivos ciclos a seguinte igualdade:

$$r_2/r_1 = r_3/r_2 = r_4/r_3 = r_5/r_4 = ... = r_n/r_{n-1} = i^2$$

Como a sequencia (r_1, r_2, r_3, r_4, r_5,..., r_n) é uma progressão geométrica de razão (i^2), então, pode-se escrever que:

$$r_2 = r_1 \cdot i^2$$
$$r_3 = r_2 \cdot i^2 \rightarrow r_3 = r_1 \cdot (i^2)^2$$
$$r_4 = r_3 \cdot i^2 \rightarrow r_4 = r_1 \cdot (i^2)^3$$
$$r_5 = r_4 \cdot i^2 \rightarrow r_5 = r_1 \cdot (i^2)^4$$

Generalizando para qualquer energia potencial elástica consumida pelo ciclo da mola, tem-se que:

$$r_n = r_1 \cdot (i^2)^{(n-1)}$$
$$r_n = r_1 \cdot i^{2(n-1)}$$

Tal expressão é a equação geral para o cálculo de qualquer energia potencial elástica perdida pelo sistema em sucessivos ciclos.

88. Energia Potencial Perdida em Função da Energia Inicial

Uma mola oscilando livremente apresenta energia potencial inicial (**W**). Ao completar o seu ciclo retorna ao alongamento com uma nova energia potencial elástica (**w**), inferior à energia potencial original (**w** < **W**). Essa perda de energia potencial elástica ocorre devido à dissipação energética interna do sistema.

Sendo (**W**) a energia potencial original, (**w**) a energia potencial elástica recuperada e (**r**) a energia potencial elástica perdida, pode-se escrever:
$r = W - w$

Para o cálculo da energia perdida num ciclo sucessivo qualquer, tem-se o seguinte:
$r_n = W - w_n$

Demonstrei que a equação geral para o cálculo de qualquer energia potencial elástica adquirida pela mola em sucessivos ciclos é expressa por:
$w_n = W \cdot i^{2(n-1)}$

Substituindo convenientemente as duas últimas expressões, resulta que:
$r_n = W - W \cdot i^{2(n-1)}$

$$r_n = W \cdot (1 - i^{2(n-1)})$$

Essa é a expressão que permite calcular a energia potencial elástica dissipada em função da energia potencial elástica inicial.

89. Perda de Força Elástica

Uma mola com um corpo preso em sua extremidade é deformada com uma força inicial (**F**). Ao ser liberada passa a oscilar em torno de sua posição de equilíbrio. A cada ciclo a mola restaura parte de sua força inicial, alcançando uma nova força elástica (x_2), inferior à força inicial (**F**). Em seguida a mola repete o seu ciclo oscilatório partindo com a força elástica (**F_2**). Ao completar o novo ciclo, ela retoma parte de sua força, apresentando uma força elástica (**F_3**), inferior à força elástica anterior (**F_2**).

Nessa sucessão, a diferença entre a força elástica anterior pela força elástica posterior, representa a força elástica perdida (**b_1**) após cada ciclo.

$b_1 = F - F_2$
$b_2 = F_2 - F_3$
$b_3 = F_3 - F_4$

Como foi demonstrado:
$x_2 = F \cdot i$
$x_3 = F_2 \cdot i$
$x_4 = F_3 \cdot i$

Portanto, pode-se escrever que a seguinte verdade:
$b_1 = F - F_2 = F - F \cdot i = F \cdot (1 - i)$
$b_2 = F_2 - F_3 = F_2 - F_2 \cdot i = F_2 \cdot (1 - i)$
$b_3 = F_3 - F_4 = F_3 - F_3 \cdot i = F_3 \cdot (1 - i)$

Dividindo **b_2** por **b_1**, obtém-se que:
$b_2/b_1 = F_2 \cdot (1 - i)/F \cdot (1 - i)$

Eliminando os termos em evidência, resulta:
$$b_2/b_1 = F_2/F$$

Ora, (**F_2/F**) é o resultado que define o coeficiente de restauração (**i**) em relação à força, logo:
$$i = b_2/b_1$$

90. Equação Geral: Perda de Força Elástica

Uma mola com um corpo preso em sua extremidade oscila livremente em torno de sua posição de equilíbrio com uma deformação semielástica. A cada ciclo ela se distende ao máximo com uma força elástica (**F**) e torna a realizar um novo ciclo. Porém, a cada novo ciclo, a mola perde parte de sua força elástica anterior. Esse fenômeno gera uma sucessão de ciclos, cujo quociente entre cada uma das forças elásticas perdidas, a partir do segundo pelo seu antecessor é sempre o mesmo. Em matemática essa relação constante é designada por razão de progressão geométrica.

Em harmonia com essa definição, os sucessivos ciclos de uma mola em torno de sua posição de equilíbrio levam à perda de força elástica a cada ciclo numa progressão geométrica (b_1, b_2, b_3, b_4, b_5,..., b_n). Partindo da definição de que $i = b_2/b_1$, tem-se em sucessivos ciclos a seguinte igualdade:

$$b_2/b_1 = b_3/b_2 = b_4/b_3 = b_5/b_4 = ... = b_n/b_{n-1} = i$$

Como a sequencia (b_1, b_2, b_3, b_4, b_5,..., b_n) é uma progressão geométrica de razão (i), então, pode-se escrever que:

$$b_2 = b_1 \cdot i$$
$$b_3 = b_2 \cdot i \quad \rightarrow \quad b_3 = b_1 \cdot i^2$$
$$b_4 = b_3 \cdot i \quad \rightarrow \quad b_4 = b_1 \cdot i^3$$
$$b_5 = b_4 \cdot i \quad \rightarrow \quad b_5 = b_1 \cdot i^4$$

Generalizando para qualquer alongamento elástico perdido pela mola, tem-se que:

$$b_n = b_1 \cdot i^{(n-1)}$$

Essa expressão é a equação geral para o cálculo de qualquer força elástica perdida pela mola em sucessivos ciclos.

91. Alongamento Perdido em Função do Alongamento Inicial

Considere uma mola oscilando em torno de sua posição de equilíbrio, tendo partido com uma força elástica inicial (**F**). Ao completar o primeiro ciclo restitui-se com uma força elástica (F_2), inferior à força elástica anterior ($F_2 < F$). Essa perda de força elástica resulta da dissipação energética interna do sistema.

Sendo (**F**) a força elástica inicial, (F_2) a força elástica restaurada pelo sistema e (**b**) a força elástica perdida no processo de oscilação, pode-se escrever que:

$$b = F - F_2$$

Para o cálculo da força elástica perdida num ciclo sucessivo qualquer, tem-se o seguinte:

$$b_n = F - F_n$$

Demonstrei que a equação geral para o cálculo de qualquer força elástico readquirida pela mola em sucessivos ciclos é expressa por:

$$F_n = F \cdot i^{(n-1)}$$

Substituindo convenientemente as duas últimas expressões, resulta que:

$$b_n = F - F \cdot i^{(n-1)}$$

$$b_n = F \cdot (1 - i^{(n-1)})$$

Essa é a expressão que permite calcular a força elástica perdida em função da força elástica inicial.

APÊNDICE

Velocidade de Dobra
Leandro Bertoldo

Leandro Bertoldo
Colisões e Deformações

1. Encolhimento do Espaço

A distância $\Delta S = s_2 - s_1$ do espaço, medido no referencial R, é menor que a distância $\Delta S' = s'_2 - s'_1$ do mesmo espaço, medido no referencial R', animado de velocidade (v) em relação a R. Esta propriedade do espaço em encolher denomina-se encurtamento do espaço.

Pelas equações da relatividade, pode-se escrever que:
a) $s'_2 = y (s_2 - v \cdot t)$
b) $s'_2 = y (s_1 - v \cdot t)$

No referencial R, um observador mede a distância $\Delta S = s_2 - s_1$ de um intervalo de espaço, enquanto que, no referencial R', tem-se a distância $\Delta S' = s'_2 - s'_1$ do mesmo intervalo espaço. Portanto, subtraindo membro a membro das equações anteriores, resulta que:

$$s'_2 - s'_1 = y (s_2 - s_1 - v \cdot t + v \cdot t) = y (s_2 - s_1)$$

$$\Delta S' = y \cdot \Delta S$$

$$\Delta S = \Delta S'/y$$

Como $y = 1/\sqrt{1 - (v^2/c^2)}$
Então se pode escrever que:

$$\Delta S = [\sqrt{1 - (v^2/c^2)}] \cdot \Delta S'$$

Portanto, os intervalos de espaço são afetados pela relatividade contrariando o espaço absoluto proposto por Isaac Newton. Pela expressão anterior, ΔS é menor que $\Delta S'$, pois (y < 1). Assim, o intervalo de espaço percorrido por um corpo em movimento, em relação ao mesmo intervalo espaço de um corpo em repouso, indicará um intervalo de espaço $\Delta S'$ maior e, consequentemente, o espaço encolhe. Contudo, o encolhimento do espaço somente é considerável, quando as velocidades são comparáveis à da luz.

2. Contração do Comprimento

Como o espaço sofre um encurtamento quando um móvel encontra-se em altíssima velocidade, então é obvio que o comprimento de um corpo em movimento relativístico sobre uma contração. Isso ocorre porque a medida do cumprimento (L) nada mais é do que a medida de espaço (S). Porém, as propriedades do espaço não são absolutas, mas relativas e sofrem alterações com a velocidade.

Portanto, comparando as duas medidas do espaço e do comprimento de um corpo, pode-se escrever que:

$$\Delta S/\Delta S' = L/L'$$

Como

$$\Delta S/\Delta S' = \sqrt{1 - (v^2/c^2)}$$

Então é razoável concluir que:

$$L/L' = \sqrt{1 - (v^2/c^2)}$$

Desse modo, pode-se escrever que:

$$L = [\sqrt{1 - (v^2/c^2)}] \cdot L'$$

Esta propriedade do comprimento de um corpo encolher denomina-se contração do comprimento. É uma conseqüência natural do encurtamento do espaço.

Caso o corpo possa expandir-se nas três dimensões com velocidades relativísticas, então o seu volume sofreria uma contração porque cada uma das três dimensões estaria sofrendo uma contração de comprimento.

3. Dobra do Espaço

Toda vez que o espaço percorrido por um móvel numa velocidade relativística diminuir pela sua metade é como se a distância percorrida tivesse sido dobrada.

Nessas condições estamos diante do que pode ser precisamente chamado por dobra do espaço.

Desse modo, quanto um intervalo de espaço, medido em relação a um sistema de referência em repouso em relação a um referencial inercial, encolhe pela metade quando o mesmo intervalo de espaço é medido num referencial que se move com velocidade v em relação ao referencial em repouso, equivale dizer que estamos diante do que podemos chamar de dobra um.

$1/2$ = dobra 1

Seguindo o mesmo raciocínio, na próxima dobra espacial tem-se que:

$1/4$ = dobra 2

Na dobra seguinte tem-se que:

$1/8$ = dobra 3

A próxima dobra do espaço será expressa por:

$1/16$ = dobra 4

E assim, sucessivamente.

Evidentemente tais expressões permitem escrever que:

$1/2^1$ = dobra 1
$1/2^2$ = dobra 2
$1/2^3$ = dobra 3
$1/2^4$ = dobra 4

Que resulta na enésima dobra do espaço:

$$1/2^n = \text{dobra n}$$

4. Velocidade de Dobra

Foi demonstrado que o espaço percorrido por um móvel em velocidade relativística diminui sua extensão, conforme previsão da seguinte equação: $\Delta S = [\sqrt{1 - (v^2/c^2)}] \cdot \Delta S'$

A velocidade de dobra um ocorrerá quanto ΔS valer a metade de $\Delta S'$. Portanto, a velocidade de **"dobra um"** será:

$1/2 = [\sqrt{1 - (v^2/c^2)}] \cdot 1$

Para isolar a velocidade de dobra um devem-se elevar ambos os membros ao quadrado:

$1/4 = 1 - (v^2/c^2)$
$1 = 4 - 4v^2/c^2$
$4v^2/c^2 = 4 - 1$
$4v^2/c^2 = 3$
$v^2 = 3c^2/4$

Portanto, o quadrado da velocidade de "dobra um" corresponde a 3/4 do quadrado da velocidade da luz.

A velocidade de **"dobra dois"** será expressa por:

$1/4 = [\sqrt{1 - (v^2/c^2)}] \cdot 1$

Elevando-se ambos os membros ao quadrado, obtém-se:

$1/16 = 1 - (v^2/c^2)$
$1 = 16 - 16v^2/c^2$
$16v^2/c^2 = 16 - 1$
$16v^2/c^2 = 15$
$v^2 = 15c^2/16$

A velocidade de **"dobra três"** será expressa por:

$1/8 = [\sqrt{1 - (v^2/c^2)}] \cdot 1$

Elevando-se ambos os membros ao quadrado, obtém-se:

$1/64 = 1 - (v^2/c^2)$
$1 = 64 - 64v^2/c^2$
$64v^2/c^2 = 64 - 1$
$64v^2/c^2 = 63$
$v^2 = 63c^2/64$

5. Equação da Velocidade de Dobra

Foi demonstrado que a dobra do espaço é expressa pela seguinte igualdade:

$$1/2^n = \text{dobra } n$$

Também foi demonstrado que a velocidade de **"dobra um"** é expressa por:

$1/2 = [\sqrt{1 - (v^2/c^2)}] \cdot 1$

Ao elevar ambos os membros ao quadrado, obtemos:
$1/4 = 1 - (v^2/c^2)$
$1 = 4 - 4v^2/c^2$
$4v^2/c^2 = 4 - 1$
$4v^2/c^2 = 3$
$\mathbf{v^2 = 3c^2/4}$

Generalizando a velocidade para qualquer dobra (n) teremos a seguinte demonstração:

$1/2^n = [\sqrt{1 - (v^2/c^2)}] \cdot 1$

Elevando-se ambos os membros ao quadrado, obtém-se:
$1/2^{2n} = 1 - (v^2/c^2)$
$1 = 2^{2n} - 2^{2n} v^2/c^2$
$2^{2n} v^2/c^2 = 2^{2n} - 1$
$v^2/c^2 = (2^{2n} - 1)/2^{2n}$
$v^2/c^2 = (1 - (1/2^{2n}))$
$v^2 = (c^2 - (c^2/2^{2n}))$

$$\mathbf{v^2 = c^2 [1 - (1/2^{2n})]}$$

Essa é a equação que permite o cálculo de qualquer velocidade de dobra.

6. Dilatação do Tempo

Albert Einstein demonstrou em sua Teoria da Relatividade Restrita (1905) que os intervalos de tempos são afetados pelo movimento.

A medida do movimento está vinculada à medida do espaço (ΔS) e do tempo (Δt). Porém, como o espaço se encurta quando o móvel adquire uma velocidade relativística, então nada mais natural que o tempo se dilate quando o móvel adquire uma velocidade relativística. Logo, essas duas grandezas são inversamente proporcionais.

Comparando as medidas do espaço com o tempo, pode-se escrever que:

$$\Delta S/\Delta S' = \Delta t'/\Delta t$$

Como

$$\Delta S/\Delta S' = \sqrt{1 - (v^2/c^2)}$$

Então é razoável concluir que:

$$\Delta t'/\Delta t = \sqrt{1 - (v^2/c^2)}$$

Desse modo, pode-se escrever que:

$$\Delta t' = [\sqrt{1 - (v^2/c^2)}] \cdot \Delta t$$

Portanto,

$$\Delta t = \Delta t'/[\sqrt{1 - (v^2/c^2)}]$$

7. Dobra Temporal

Toda vez que a duração do tempo, medido num referencial em velocidade relativística, duplica é como se o mesmo tempo medido num referencial em repouso caísse pela metade.

Nessas condições estamos diante do que pode ser chamado por dobra temporal.

Desse modo, quando um intervalo de tempo, medido em relação a um sistema de referência em repouso em relação a um referencial inercial, dilata pelo dobro quando o mesmo intervalo de tempo é medido num referencial que se move com velocidade v em relação ao referencial em repouso, equivale dizer que estamos diante do que podemos chamar de dobra temporal um.

1 . 2 = dobra 1

Seguindo o mesmo raciocínio, na próxima dobra temporal tem-se que:

1 . 4 = dobra 2

Na dobra seguinte tem-se que:

1 . 8 = dobra 3

A próxima dobra do tempo será expressa por:

1 . 16 = dobra 4

E assim, sucessivamente.

Evidentemente tais expressões permitem escrever que:

1 . 2^1 = dobra 1
1 . 2^2 = dobra 2
1 . 2^3 = dobra 3
1 . 2^4 = dobra 4

Que resulta na enésima dobra temporal:

$$2^n = \text{dobra n}$$

8. Expansão do Universo

O Telescópio Espacial Hubble permitiu verificar que as galáxias não apenas se distância uma das outras como o faz numa intensidade muito veloz. A causa desta aceleração permanece mal compreendida. Porém, visando explicar o fenômeno alguns inventaram uma suposta energia escura; outros imaginaram um misterioso campo energético que impulsiona a expansão. Existe ainda outra teoria afirmando que a velocidade da luz esteja se alterando com o passar do tempo.

Em tudo isso, o único fato realmente comprovado é que a velocidade das galáxias está aumentando. O Universo aumenta de tamanho em intervalos de tempo cada vez menores.

A causa desta aceleração ainda é um mistério, e qualquer explicação é tão indulgente quanto qualquer outra. Porém, sem inventar teorias mirabolantes, sem negar principios fundamentais da física, é mais fácil atribuir o fenômeno ao encolhimento relativistico do espaço.

Quando as galáxias alcançam velocidades relativisticas, ou seja, velocidades comparáveis à da luz, o espaço começa a encolher, causando o fenômeno observado de aceleração obsrvado nas galáxias.

A equação que permite calcular o encolhimento do espaço percorrido pelas galáxias em seu processo acelerado é a seguinte:

$$\Delta S = [\sqrt{1 - (v^2/c^2)}] \cdot \Delta S'$$

Essa equação informa que os intervalos de espaço são afetados pela relatividade. Essa teoria não é de Einstein, embora seja baseada na Teoria da Relatividade. Einstein jamais cogitou que o próprio espaço percorrido por um móvel sofre o fenômeno do encolhimento, levando o móvel percorrer grandes distâncias em tempos cada vez menores do que percorreria em baixa velocidade.

9. Energia de Dobra

Em 1905 Einstein demonstrou pela Teoria da Relatividade Restrita que a energia total de um corpo em movimento é expressa por:
$$E = m_0 \cdot c^2 / [\sqrt{1 - (v^2/c^2)}]$$
Sendo ($m_0 \cdot c^2$) a energia de repouso (E_0), tem-se que:
$$E = E_0 / [\sqrt{1 - (v^2/c^2)}]$$
Quando a energia, medida num referencial em velocidade relativística, duplica é como se a mesma energia medida num referencial em repouso caísse pela metade.

Nessas condições estamos diante do que pode ser chamado por energia de dobra.

Quando uma quantidade de energia, medida em relação a um sistema de referência em repouso em relação a um referencial inercial, apresenta o dobro de sua quantidade inicial quando a mesma energia é medida num referencial que se move com velocidade v em relação ao referencial em repouso, equivale dizer que estamos diante de uma dobra energética um.

1 . 2 = dobra 1

Seguindo o mesmo raciocínio, na próxima energia de dobra tem-se que:

1 . 4 = dobra 2

Na dobra seguinte tem-se que:

1 . 8 = dobra 3

E assim, sucessivamente.

Evidentemente tais expressões permitem escrever que:

1 . 2^1 = dobra 1
1 . 2^2 = dobra 2
1 . 2^3 = dobra 3
1 . 2^4 = dobra 4

Que resulta na enésima dobra de energia:
$$2^n = \textbf{dobra n}$$

10. Equívoco de Einstein

As Teorias da Relatividade de Einstein eram muito mais avançadas do que o próprio Einstein. Ele era um homem de seu tempo, preso nos conceitos filosóficos de sua época.

Enquanto a Teoria da Relatividade Geral previa claramente a Expansão do Universo com o afastamento das Galáxias, Einstein resolveu trapacear os resultados previstos em sua Teoria da Relatividade Geral, acrescentando gratuitamente duas constantes para manter o Universo Uniforme e Constante. Mais tarde reconheceu que esse foi o maior erro de sua vida.

Porém, esse não foi o único grande erro de sua vida. Houve muitos outros. Por exemplo, são célebres as suas discussões com Niels Bohr contra a Teoria da Mecânica Quântica, a qual nunca aceitou. Porém, a Mecânica Quantia saiu vitoriosa e suas previsões resultaram nas principais descobertas realizadas no mundo pós-moderno.

Outro erro de Einstein consistiu em perseguir durante décadas uma fracassada teoria da unificação do Universo, cujos resultados por ele previstos estavam totalmente errados.

Outro gravíssimo erro de Einstein encontra-se nos buracos negros. Enquanto a Teoria da Relatividade Geral previa a existência dos buracos negros, Einstein nunca os aceitou como realidade. Mais uma vez a Teoria da Relatividade provava que era muito mais avançada do que o próprio Einstein podia conceber.

Tenho demonstrado no presente trabalho que o próprio espaço sofre um encolhimento, algo que Einstein deixou de considerar. Ele imaginava que apenas o comprimento do móvel sofria uma contração, deixando de antever que a contração do comprimento ocorre como resultado do encolhimento do espaço.

www.ingramcontent.com/pod-product-compliance
Lightning Source LLC
Chambersburg PA
CBHW072145170526
45158CB00004BA/1509